合作与冲突

——工程建设三方关系处理实务

孟庆彪 编著

中国建筑工业出版社

图书在版编目（CIP）数据

合作与冲突——工程建设三方关系处理实务／孟庆彪编著．

北京：中国建筑工业出版社，2016.12

ISBN 978-7-112-19782-8

Ⅰ.①合… Ⅱ.①孟… Ⅲ.①建筑工程－工程项目管理

Ⅳ.①TU71

中国版本图书馆CIP数据核字（2016）第214473号

责任编辑：封　毅　毕凤鸣
书籍设计：锋尚制版
责任校对：王宇枢　李欣慰

合作与冲突——工程建设三方关系处理实务
孟庆彪　编著

*

中国建筑工业出版社出版、发行（北京海淀三里河路9号）
各地新华书店、建筑书店经销
北京锋尚制版有限公司制版
北京富生印刷厂印刷

*

开本：787×1092毫米　1/16　印张：12　字数：221千字
2017年5月第一版　2017年5月第一次印刷
定价：36.00元
ISBN 978 - 7 - 112 - 19782 - 8
（29318）

前言

一

　　无论是作为个人或是作为群体，相互间的关系都不外是合作或是冲突，在现代社会中，任何个人或群体之间基于自愿形成的关系必定既有合作也有冲突，两者对立统一地存在于它们中的每一个相互关系中。合作是个人与个人、群体与群体之间为达到共同目的，彼此相互配合的一种联合行动，而冲突则是对立的、互不相容的力量或性质（如观念、利益、意志）的互相干扰。

　　在工程建设领域，即使是一个小型项目，也是参与者众多，更兼有项目的一次性、独特性，各方间的相互关系因此较运营企业更为复杂，这使得建设项目从头到尾充满着各种各样的合作和冲突，如何处理好对外的各类关系、如何做到既能充分合作又能维护自身正当权益、如何有效地使冲突控制在无害的边界之内，这就成为项目各参建方各类管理人员经常面对的难题。

　　本书重点论述了建设项目中建设方与承包商等参建方于各阶段在项目管理中几个主要方面、几类主要事项上相互关系的处理原则、思路或处理方法，它以合作和冲突为主题，除此，本书也论述了建设方如何才能发挥监理作用议题，最后则论述了如何形成应有的项目文化，以从源头上保证各方间形成确保项目成功的应有关系。

　　合作和冲突唯因互动而存在，而博弈论正是研究人与人之间行为互动的理论，它广博的适用性足以覆盖建设项目中的合作与冲突，因此，本书的许多内容是以博弈论为主要分析方法的。在此需要重点强调的是，与我们的通常理解不同，博弈既有对立性的零和博弈，也有合作性的博弈，这被称之为正和博弈，即通过机制设计，通过参与人的良性互动来维护、增加整体利益，从而达到自身获益的目的，囚徒困境的破解正有赖于此，双赢或共赢策略也正基于此。本书通过严谨的逻辑和充分的论述揭示了这样一个道理，即必然存在的冲突导致零和博弈，但是在建设项目中，互利却是冲突和零和博弈得以存在的根本性基础，互利的根本性需要产生了合作的必然要求，也产生了合作共赢的正和博弈，它们并存于所有参建方的各类关系中，自然，其中最为核心的是建设方与承包商之间的关系。因为项目是建设方所发起的，建设方也常是项目产品的拥有者和使用者，这一角色决定了建设方在项目管理中的极端重要性，因此，本书多是从建设方角度、以如何获得项目本身的最大利益为根本而论述的。

　　本书的理论性未必强，但却有着较强的实践性和对现实的深入思考，它没有堂皇的道理，但却有着实用的经验和典型的案例。它适合参与建设项目管理的建设方、监理方、承包商等各类组织的各层级人员阅读参考，自然，它对从事于建设项目管理研究的人员了解建设项目实际状况也有一定益处。

二

本书共分为八章，第一章论述了建设项目具有的博弈论特点以及它的互利基础，其后的第二章到第五章按建设项目进展顺序排定，即供方选择阶段、合同谈判阶段、合同实施阶段、合同收尾阶段，第六章是合同纠纷及索赔处理，鉴于监理在建设项目中的独特地位和独特作用，在第七章单独论述了如何充分发挥监理作用，鉴于合作和冲突与文化紧密相连，而在大型建设项目上构建项目的自有文化对项目中的各方关系处理具有举足轻重的作用和影响，因此在第八章讲了大型项目的文化建设。

第一章建设项目的博弈特点和互利基础，它首先论述了建设项目自有的博弈特点，随后重点论述了建设项目中各方的互利关系是它们之间所有各类关系得以存在的根本基础，互利关系形成了项目的共同利益，即项目整体利益，而如何充分挖掘、拓展这种互利基础、如何使项目的共同利益最大化，这是建设方进行项目管理的最为根本的基础性工作，最后，对建设项目中的博弈所应秉持的几项原则进行了阐述，这些原则也不仅限于建设项目领域，在各行业的各类工作中在以博弈为器时，也都应予遵循。

第二章供方选择阶段，这一章论述了如何通过做好招标工作以获得符合项目建设所需要的供方，供方既有承包商，也有供应商，还有监理方、项目管理方等，虽然论述多是以施工承包商或EPC承包商的招标为样板，但多数内容也适用于对其他参建方的招标。本章首先指出了确保投标真实性的重要意义，由此对如何防止串标、低于成本价、挂名顶替、轻诺寡信、以貌取人这五类问题的出现作了具体论述。本章对两类评标办法及拦标价、标底价作了分析比较，并对如何确定综合评分法中的商务和技术各自权重多少作了阐述。本章还强调了在招标文件编制过程中应注意的几类事项，并就商务评标时对投标报价中易出现的三类问题给出了处理建议，这三类问题足以导致低成本报价。鉴于目前作为国有企业的建设方，在项目管理上越来越僵化的现状，本章最后一节阐述了在解决或把握好信任与怀疑、分权与集权的问题上应具有的理念和原则。

第三章合同谈判阶段，首先论述了合同谈判的博弈论基础，依据彼此在合作和不合作两种态度、四种组合下各自所得利益大小形成了16种不同势态，并就如何突破其中的困境、打破其中的僵局给出了答案。其后，对在招标后的谈判中出现的僵持以及出现足以导致谈判失败的问题进行了分析，并给出了处理意见。最后，对不招标直接进行谈判的几类不同适用情况进行了分析，并就如何进行这类谈判给出了几项原则以及在不同情况下的谈判对策。

第四章合同实施阶段，首先论述了这一阶段各方管理关系的特征，过程管理和结果控制相结合这一基本特征决定了诸多管理关系，这一阶段的博弈也呈现出与招标阶段、谈判阶段完全不同的景象，在这一阶段中其他各方与建设方的相互关系则经历了启动期、磨合期、稳定期、收尾期四个时期，其中的收尾期实质上已跨入了合同收尾阶段而直至合同关闭。其后，本章着重论述了在建设方合同要求落实、承包商义务履行上建设方与承包商的关系处理，其中也含有监理与各方间的关系处理，它从资源投入、质量管理、安全管理、文明施工管理、进度管理这五个方面分别进行了论述。最后，鉴于项目本身具有的系统性，对质量、费用、进度之间的相互作用和复杂关系以及建设方、承包商、监理方就此形成的关系进行了论述。对于建设方合同义务的履行，因为与承包商的索赔紧密相关，而且也是引起纠纷的两大主要起源之一，因此将它们统一放在第六章即合同纠纷及索赔处理中进行论述。

第五章合同收尾阶段，本章分析了合同收尾阶段的管理特点，并论证了在此阶段各方更需要充分合作的必要性，同时就正常状态下和非正常状态下矛盾和冲突的特点以及相应的处置方式作了阐述，并就此阶段质量、安全、进度、文明施工的管理、工程款的拨付以及后续索赔、变更处理，设计、采购、施工三者的相互协调，交接手续办理中的相互关系处理进行了论述。

第六章合同纠纷及索赔处理，首先描述了引起合同纠纷的四种不同情况，并就此给出了对应的处理方法或解决途径，针对建设项目纠纷及索赔的自有特点，就如何处理好这些事项，本章还提出了几项建议，最后，本章按四类应由建设方承担责任的事项，就建设方如何履行自身义务、如何避免引起合同纠纷以及导致纠纷或索赔事项发生后如何处理作了充分阐述。

第七章监理的作用发挥，首先描述了监理现状及其复杂的成因，随后提出了建设方对监理作用、对监理法定权力和责任应有的认识和应取的态度，其后就如何确定合理的监理范围、选定适宜的监理公司和项目监理机构、如何通过对监理的支持和监督、通过建设方自身义务的履行确保监理能积极发挥其应有作用、履行应有义务进行了重点论述。

第八章大型项目的文化建设，先是阐述了项目文化的定义，并指出这对大型建设项目的成功具有重要意义，随后论述了项目文化具有的四个主要特点以及六个方面的主要内容。本章还对参建方项目组织文化、参建方企业文化、建设方项目组织文化、项目文化四类文化间的相互关系、相互作用影响的途径进行论述。本章最后论述了项目文化建设遵循的四项原则和项目文化形成、维护、发展的五种方法。

从第二章到第六章，每一章的最后都有案例，这些案例有类似于小说中的故事，虽然来源于现实，却常是由现实中多个类似事情综合而成一例，自然，这也是以能充分展示其中的例证意义为根本的。借此本书声明，对这些案例，读者请勿对号入座。

三

本书成稿后，经过了赵永年、李兴义、董宇涵、申屠春田、邱澍、王洪泉、藏永江、张之平的认真审阅，其中，赵永年审阅了除案例之外的全部内容，其他人分别审阅了与其工作领域紧密相关的章节，他们指出了书稿中存在的问题，也给出了宝贵的建议，这使得本书论述更为准确和全面，就此向他们致谢。

在此也向那些将工作中的宝贵经验拿出来与我分享、将工作中的所思所感拿出来一起交流的各方同行致谢，是他们激发了我的灵感、丰富了我的思考、矫正了我的论点，而对那些对我的观点曾提出异议、表示反对的各方同仁也一并致谢，因为这些异议和反对使我对自己的观点更为慎重，由此作了进一步的思考、论证、提炼和修正，从而使之更为全面、深刻，由我自己的经历使我认识到一个道理，即人的认识和思想来说，异议和反对常具有正面作用。

在此也要向我在项目上遇到的所有积极工作的同事们致谢，这些优秀的人使我能从公正的、多方面的角度看待问题，从而发现问题的实质。

最后，我要感谢我的家人，是他们的辛勤付出和默默承受使我能够长期在外从事建设项目管理工作，从而使自己有了足够多的经验和体会写成了这本书。

因作者本人知识、经验的有限，书中观点难免会以偏概全、挂一漏万，就此敬请读者多提宝贵意见。

第一章 **建设项目的博弈特点和互利基础** ……………………… 001

第一节　建设项目的博弈内容及特点 ………………………… 002

第二节　共同利益和互利的实现 ……………………………… 003

第三节　博弈的几项基本原则 ………………………………… 005

第二章 **供方选择阶段** ……………………………………… 009

第一节　确保投标的真实性 …………………………………… 010

第二节　招标过程中的几类防范 ……………………………… 011

第三节　确定评标办法、确定技术及商务分值权重 ………… 015

第四节　招标文件编制及评标中的重点 ……………………… 018

第五节　商务标的报价问题 …………………………………… 022

第六节　信任与怀疑，分权与集权 …………………………… 024

第七节　案例 …………………………………………………… 030

第三章 **合同谈判阶段** ……………………………………… 035

第一节　建设项目谈判的共有特点 …………………………… 036

第二节　承于招标的合同谈判 ………………………………… 042

第三节　不招标直接谈判 ……………………………………… 047

第四节　案例 …………………………………………………… 053

第四章 **合同实施阶段** ……………………………………… 059

第一节　实施阶段管理关系特征 ……………………………… 060

第二节　落实合同要求、履行承包商义务 …………………… 069

第三节　案例 …………………………………………………… 095

第五章 **合同收尾阶段** ···································· 101

第一节 合同收尾阶段定义和特点 ···················· 102

第二节 收尾阶段的合作、矛盾和冲突 ·············· 103

第三节 收尾阶段各自优劣势态 ······················ 107

第四节 合同双方应有态度和应取做法 ·············· 107

第五节 具体几方面事项处理 ························· 108

第六节 案例 ··· 113

第六章 **合同纠纷及索赔处理** ······················ 119

第一节 纠纷的几种不同原因及其处理 ·············· 120

第二节 纠纷及索赔处理的通常要求 ················ 122

第三节 履行建设方义务，避免索赔和纠纷 ········· 125

第四节 案例 ··· 147

第七章 **监理作用的发挥** ···························· 159

第一节 行业现状及建设方的认识 ·················· 160

第二节 定监理范围、选监理公司、确立项目监理机构 ········· 161

第三节 支持、监督和自身义务履行 ················ 163

第四节 项目管理方与监理方的关系 ················ 167

第八章 **大型项目的文化建设** ······················ 171

第一节 项目文化的定义和意义 ····················· 172

第二节 项目文化的特点和内容 ····················· 173

第三节 各类文化的相关性 ························· 177

第四节 项目文件建设的原则和方法 ················ 179

参考文献 ·· 182

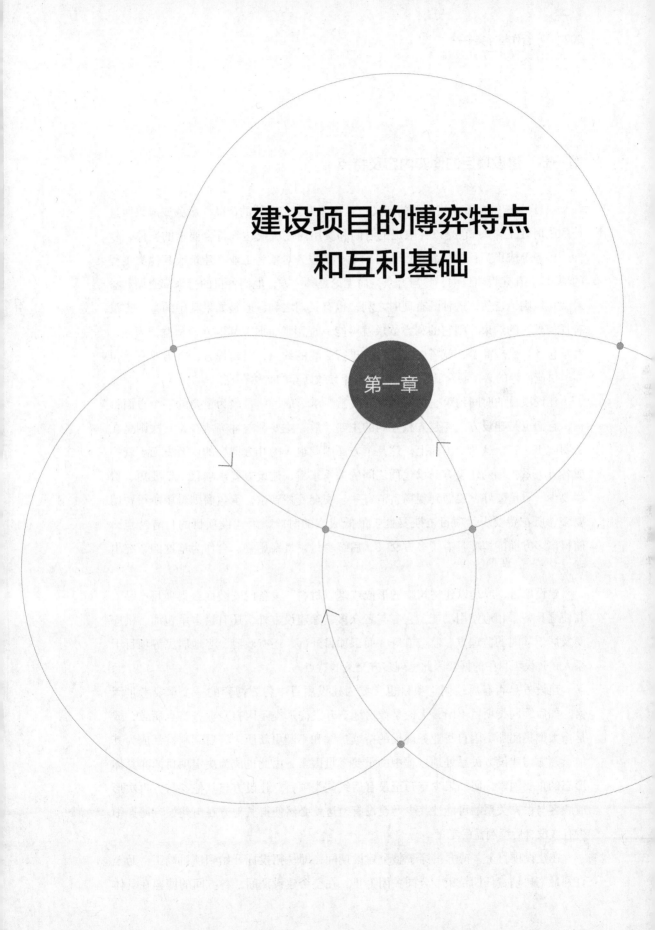

建设项目的博弈特点
和互利基础

第一章

第一节 建设项目的博弈内容及特点

项目，按《PMBOK指南》的定义，是指"为创造独特的产品、服务或成果所进行的临时性工作"，它是以在限定的时间和费用内完成或达到符合要求的实体、软件、服务等成果为目的，而建设项目则是"其服务对象为工业、建筑或其他类工程的项目"。在建设项目中，参与者众，而无论是哪一方，他们各自的行为都遵循利益最大化原则，自然，这种既有现时之利，也有长期之利，但是如果其中的某一方没有任何外在的约束，则它的利益欲求就可能一直膨胀而损害其他方的利益，为此，对承包商、供应商等，就需要由建设方进行必要的约束，对建设方，就需要有承包商、供应商等的必要制衡，这种约束和制衡导致博弈的必然存在。

建设项目的时间约束、费用约束、质量要求形成了项目最为重要的三个方面目标，它们也是建设方、参建方相互间的主要矛盾、主要利益冲突所在，其次则是在文明施工、安全这两个方面上，这几个方面因此也成为几方博弈的主要方面。就构成各方关系主轴的建设方与承包商之间的关系来看，建设方要求项目工期要短、费用要少、质量要好，要做到现场整洁有序、安全管控到位，承包商则希望所得费用要多、所花费要少、项目工期要处于最低成本的时段。因建设项目的自有特点，使得诸多方面的博弈具有了多方交叉、后续考量、贯穿始终、合作为基这四个突出特征。

建设项目，或是以建构筑物的形成或是以材料、设备的安装而获得项目产品，并使之具备了相应使用功能，它参与者众多，除建设方外，还有诸多承包商、供应商及居于其间的监理方、监造方等，而于项目外部，还有政府、当地居民等项目干系人，建设项目中的博弈因此呈现多方交叉的特点。

建设方是否有后续同类项目也常成为建设项目中各方博弈的一个重要考量因素。如后续同类项目不断，无论是像房地产开发商那类是因自身业务特点所致，或是像大型集团那类因自身业务规模的持续扩大和不断更新所需，后续利益都成为其他参建方与建设方关系处理过程中的重要考量因素，由此也成为决定项目博弈具体形态的重要因素，而如果少有乃至没有后续同类项目，建设方与其他参与方再次形成顾客与供方关系的可能性甚少乃至没有，这就必然使得其他方在与建设方博弈中少有或没有后续利益的考量。

在建设项目上，博弈贯穿于整个建设期间，即从招投标开始到项目竣工，乃至直到最终缺陷责任期结束、合同关闭为止。在整个建设期间，各方间的博弈在具体事项上"此消彼长"、"连绵不绝"，且大小不一、时长不一、情况各异。即使没有后续项目的考量，在单一建设项目中的博弈也必然具有重复博弈的特点，建设项目中的博弈也因此就具有了重复博弈的必要特征。

在建设项目的博弈中，基于利益的相互冲突而形成的零和博弈无法避免，且数量也未必少，但是任何不是双方关系破裂状态下的博弈都莫不基于以下两个方面：一方面是双方当时在不同因素上所具有的不同优劣势；另一方面则是双方间所具有现实的或潜在的共同利益，这种共同利益决定了在相互冲突中仍需要维系合作的关系。冲突和合作相克相生形成一体，并存在于整个项目生命周期中，由此决定了在博弈中各方所用策略和手段，并通过维护和开发共同利益以实现互利的方式构成了建设项目中博弈的基础。

第二节　共同利益和互利的实现

在建设项目上，无论是正和博弈或是零和博弈，它们的根本基础都是因建设项目而具有的互利关系，而建设方，作为这个由所有参建方项目组织构成的准建设管理团队的领导者，要以项目成功及长远利益为本，尽可能减少零和博弈存在的范围和程度，以能为项目的顺利进行创造良好的合作机制和合作氛围，并要彰显现实既存的、挖掘潜在的项目共同利益，使互利合作的区域更为广大、深远，从而使各参与方共同受益，达到各自的但与建设方项目目标紧密相连的目标，由此使项目获得成功。这正是建设方项目管理中最为重要的工作，也是制定项目管理计划时最需重点考虑的内容。

在各参建方的共同利益之上，作为项目本身的拥有者乃至使用者，建设方利益完全取决于项目目标能否顺利实现、项目能否顺利圆满完成，而其他参建方的声誉、业绩、后续利益也同样必然地与这两点紧密关联。

项目和组织，正如《项目管理知识体系指南》指出的那样，前者是实现后者战略目标的一种手段，组织经常直接或间接地利用项目去实现战略规划中的目标。在各参建方具有的潜在共同利益上，凡是因承包商的努力而使项目产品更为优质和项目过程更为良好的，最大受益方都莫不是建设方，项目对于建设方越为重要，这种关联性越为显著。在质量上，承包商的工作将"影响到已完工的可交付成果的运营成本"，它将一个质量好、性能优的项目产品交付给建设方，即使不考虑因此使建设成本降低，建设方也会因项目产品使用后的维护、运营成本低而受益，这无论在生产性项目上或是在非生产性项目上，都是如此，而对于像房地产开发商这类以投资项目、出售项目成果的建设方来说，这将是其形成并保持自身品牌、信誉的关键所在。在工期上，项目早日交付投用，项目过程中形成的实体早日转化成固定资产、早日满足使用需要，项目过程中投入的巨量资金就会早日发挥效用，而对生产性建设项目而言，项目早日投用使建设方早日获得收益，如果这是新产品生产线，早日投用将使新产品早日进入市场，从而使建设方所获利润增加甚多，如图1-1所示，更不必说对其抢占市场的决定性作用，而这自然又决定了建设方的长远发展，新工艺装置的早日投用也与之类似，不同的只是一个是新产品、一个是新的利润空间。在文明施工上，项目的外观状况决定了各项目干系人对项目的直观感受，这种感受较大地影响到他们对项目持有的态度，而其中的关键干系人对项目的成败具有关键性的作用和影响。在建设期间的安全上，当建设方为提高企业水准而自行加大、加重项目现场安全责任时，建设方与承包商在安全方面自然也就具有了广泛的共同利益。

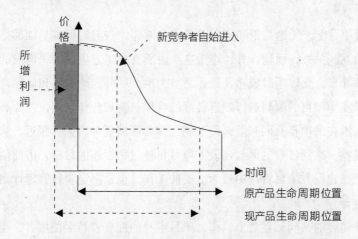

图1-1　因项目早日投用使新产品进入市场时间提前所增利润

以上几方面是具有潜在共同利益的主要区域，而能否将此转化为互利的关键就在于建设方是否能够通过合同内容的设定和严格执行而将相应受益与承包商共享，而这又决定了这种受益能否实现或实现多少。这种转化首先在于项目目标的适度设定，并以此成为对承包商的首要要求，但这还远远不够，因为这种单纯以义务方式形成的"互利"是一种被动、僵化、虚弱的形态。为此，建设方还必须给承包商实现目标提供的足够成本，而如果实际结果明显高于目标，建设方就应当按承包商的贡献将额外的利益与之共享，这在实施之前是一种承诺，而这种承诺要落于合同中，以对承包商起到足够的激励作用，并对建设方自身兑现承诺起到强制作用，由此，建设方、承包商之间就会形成良好的互利共赢局面，如果反其道而行之，则必定是共输的局面。自然，共赢也是在一定范围内才能实现的，超过此范围，共赢的基础就会迅速削弱，而共输问题严重到一定程度，项目管理整个系统也会发出强烈的警示信号，使各方对此有足够清醒的认识，从而采取行动缓和对立性竞争局势，共输由此被遏制。

以上所述的共赢或共输局面都是理论状态，现实情况要复杂得多，但是当我们知道了、体会到了其中的道理后，就必定游刃有余于实践中，由此而驾驭、掌控现实并为我所用。

第三节　博弈的几项基本原则

对任何一个营利性组织来说，在不违背法律法规的前提下，获取利益是它的生存之本，因此，它与其他组织或个人的博弈是为了获得或维护它的利益，但这并非就可以不择手段，就我国的具体社会状态及文化基础而言，以下几项应当成为建设项目各参建方相互间的博弈行为所需遵守的原则：

一、公私相异

这一条在欧美国家中未必上升到如此高度，因为在其社会行为及社会文化中，作为一个组织的逐利特性与个人道德、私人感情泾渭分明而不相混淆，但在我国现有的状态下，有必要将此作为一项原则，以确保"在商言商"的同时，既能传承传统文化的精华，又不脱离现有的社会文化形态。

公私相异，于公以利为本，"公"体现在以组织名义对外所做的工作上，而这利，或是组织的现时之利或是组织的长远之利，于私则不能以利为本。于私自然也会博弈多多，但出发点迥异，它以人生意义和道德、伦理、礼仪、情感为本，思维及做法因此就各不相同，自然，在更深层的根基上，公私两者又是相通的，即以人为本，从这点上来说，公服务于私，自然，这"私"绝非是指私利、私欲。

泛滥的中国宫廷剧之所以遭到有识之士的鄙视，是因其中一切的博弈输赢都没有一个值得少许称道的内在核心，有的只是个人的私利私欲和个人的富贵荣辱，虽然演的是宫廷，但和人与人之间的你抢我夺没有差别，而其根源或许正在于公私相混，并且又将私简单地等同于个人的欲望满足。

二、不得欺骗

欺骗不是博弈，零和博弈是一种较量，它是人与人之间智力、意志、情感的较量，但是它仍然要遵守社会基本的行为规范，而不得欺骗是其中的基本一条，即使是在公之领域，也是如此。

在公之领域，只要相互间不是一次性买卖，即使出于实利目的，也应当遵守此项原则，因为欺骗一旦被识破，必定得不偿失，而欺骗鲜有能维持长久而不被识破的。就此，当对方业务非你也可时，你将丧失与它后续合作的可能，如果对方业务非你不可且这业务对他足以重要而甘愿冒险时，合作虽然会继续，但双方都要承受着需要持续付出的诚信证明和法定证资成本，即使你因为现在的优势而暂不承担额外的合作成本，但也为关系的破裂或对方的反制乃至反噬埋下伏笔，更勿论你的市场资源将很快被你不良的声誉消耗殆尽。

战争所奉行的兵不厌诈不能成为各方在市场经济中欺骗的借口。欺骗如果触犯法律，就要遭受法律的惩罚，但商业道德的底线必须高于此。有别于以众多生命为代价的战争，社会既然要维系，就必然要有基本的社会道德准则，欺骗显然违背了所有社会得以维系的根基。出于商业竞争的需要，隐藏自己不是欺骗，迷惑对方也未必是欺骗，但如果你是要使对方因相信你虚假的呈现而给利于你或与你合作，则必然是欺骗。

博弈常易与欺骗混淆，这也正是将不得欺骗列为一项原则的原因所在。两者的差别或许正是台湾的李登辉自诩的同时鄙视陈水扁的原因所在。李将自己的政治决策和政治行动自诩地类比于剑道，他将博弈之理用于政治的最重要的事情就是促使民进党在2000年赢得大选，而陈对台湾人的欺骗使自己在执政后期越发难以获得岛内人的信任、支持和响应。

三、规定域外

此条所指的规定，是由建设方与承包商等约定遵守执行的正式文件。这主要有三类，第一是合同类，它具有法定效力，包括合同主文本、合同各附件、协议等，这一类是最普遍又最重要的部分；第二类是建设方制定并在全项目范围内颁布、执行的规章制度、程序文件；第三类是针对某类具体事项的办理、处理相互商定的具体流程或由建设方依据合同权力提出的具体要求。

无论是哪一种，都不会固化不变，而它们变不变、如何变，也常常是各方博弈

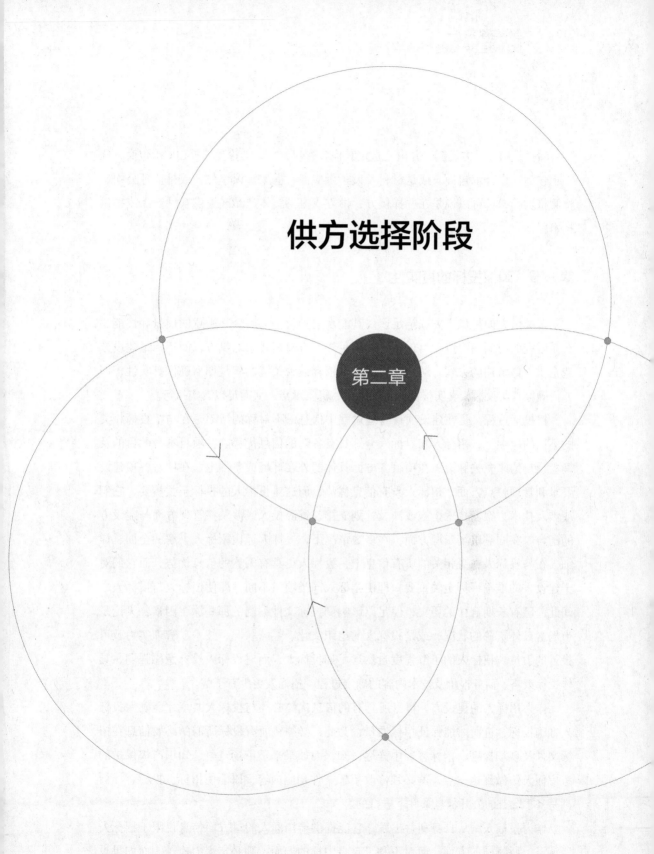

供方选择阶段

第二章

项目是由建设方发起，并由它选定其他各参建方，而无论是选择EPC承包商、施工承包商、设计承包商，或是材料及设备供应商、框架协议单位，或是监理公司、检测机构等，都可以说是在选择供方，供方或提供实体产品或提供软件产品或提供技术服务。

第一节　确保投标的真实性

选择供方即是建设方选定足以以其能承受的价格、以令其满意的质量和性能、在其限定的时间内完成项目任务且能满足建设方过程要求的供方，而招标是建设方选定供方最常用的方式。对建设方而言，招标最为关键的就是如何确保真实性，即如何确保真实投标、真实报价、真实编制、真实承诺，从而足以真实执行。

招投标过程，是在建设项目管理过程中信息最不对称的活动，在与招投标相关的不同的事项上，招标人和投标人分别具有各自的信息优势。在项目本身的目的及确立项目的来龙去脉上、在项目各方面具体的外在环境或条件上、在项目各项建设要求和管理特点方面，招标人具有信息优势，而这对投标人的投标至关重要，它们或涉及技术方案、技术措施或涉及计划安排、资源投入或涉及在管理方面与建设方的配合。在同类市场资源方面，在多数情况下，投标人远比招标人了解的全面、详细，在与投标人自身相关的所有信息上，投标人更具有天然的信息优势，而它们对于建设方的准确评标至关重要，即使招标人同类项目不断，即使招标人与投标人之间此前已有长期合作的历史，但足以影响到投标文件编制的那些深层因素，无论是市场上具体资源的状况，或是投标人的组织文化、经营状况、技术、管理实力及可投入的力量，招标人的了解程度自然远不如投标人，而对投标人投标意愿强弱、具体投标策略、商务报价及技术内容的确定过程，招标人更少有了解。

作为招标人的建设方，自身所具有的信息优势必须与投标人共享才能确保投标人准确投标，进而才能保证招标质量，为此，必须将所有投标所需的必要信息在招标文件及现场探勘、招标答疑中详尽告知，而如果基于市场竞争、知识产权保护的考虑而无法做到这一点，就必须修改招标文件相应内容，以能使招标、投标、评标都是基于既有的公开信息条件下进行的。

作为投标人，从自身利益出发，它能提供给招标人的这方面信息仅限于招标人所认可、所赞同的方面，而对不利于自身中标的方面，则必定竭力掩盖，而如果投标人没有足够的技术和管理实力、没有足够强的诚信文化，却同时也认为真实性并非评标中的决定性因素，那么，投标人就难免为了中标而将投标文件真假混杂乃至有进行串标、挂名顶替等欺骗性行为，因此，辨伪识真就成为招标人在此阶段与各投标人博弈的根本目的所在。为此，建设方一方面要通过招标文件的编制、评标办法的设定向投标人明确表明对投标真实性的严格要求，即通过机制设计最大限度地使投标人提供真实信息，另一方面在评标时还必须要有足够的经验和足够的责任心来辨识真伪，以将真实的内容于纷繁杂乱的投标文件中剥开而尽显眼前，以此方能选定合适的供方。

第二节   招标过程中的几类防范

正如前述，投标的真实性对选定最合适的供方至关重要，为此，就必须有对假的有效防范，假在此主要体现在串标、低于成本价、轻诺寡信、挂名顶替、简单抄袭这五种情况，相应的防范措施如下：

一、防止串标

串标，或单纯是投标人之间的行为，或是投标人在招标人的授意或默许下的共谋行为。后一种情况违反《招投标法》，但因为是招标人的自主行为，无所谓防范，因此不在讨论范围之内。

对于投标人之间的串标，防范之策，在于扩大潜在投标人的范围，正如有的研究者所得出的结论，在串标者之外，每增加一个竞争者，串标成功的概率即显著下降。这范围的扩大，在公开招标中，一在于去除非必要条件，即将投标门槛适度降低，二在于评标办法、评分原则妥当设定，以尽可能多地吸引那些有实力做好此项任务的供方前来投标，而在邀请招标中，自然是对邀请投标人数量的适度增加。

对于邀请招标而言，防止串标的另一种有效方法是对被邀请方的慎重选定，它实质上比单纯地增加邀请投标人的数量更为有效。如果招标人能够在对诸多潜在投标人有足够深入的了解后慎重选定被邀请方，乃至此前投标人即已与这些潜在投标人建立起了良好的合作关系，则投标人或基于组织文化、内部制度、外在声誉或基于与招标人形成的良好合作关系以及这种关系维系的重要而足以使其自觉抵制串标。

二、防低于成本价

这是目前各投标人也即各招标人最需要予以重视，也是最需要全力防范的。除非是投标人想以此方式首次进入招标人市场或是投标人足以诚信并对信誉的珍惜使它自愿承担且也有实力、有能力承担所亏，否则，招标人也即建设方自身必定成为最终的受害者，而中标者的报价低于成本越多，它承担所亏的自愿性和承受力也就越差，建设方所受其害越多，而建设方最终所失总会远大于最初贪图的低价所得。

如果所选定的承包商的投标报价低于成本较多，这一承包商就必定会在资源安排上选定最节省的方式，它的总体安排因此常无法满足建设方的工期要求，而在项目实施到一定阶段后，承包商自身也可能难以推动项目，这又常会出现在接近收尾的关键时候，此时它甚至借此迫使建设方让利，项目因此成为解决低价问题的人质。即使合同中有严厉的工期处罚条款并有履约保函作保证，但除非将这一承包商清除出场确实有利于建设方，否则，在此种状态下，对承包商的严厉处罚可能适得其反，因为此时处罚能足以起到正面促进作用的平台已不复存在。因为报价低于成本较多，承包商在工程质量上也很有可能掺杂使假、以次充好，这将使建设项目存在大量隐性质量缺陷，这在劳务分包已成为普遍用工形式的当今更有可能如此。

低于成本的报价，或是因为有重大遗漏，或是因为测算失误，或是因为有意而为，即妄图在实施过程中，通过获得不合理变更或不正当索赔额外获益以弥补低价所失。对此，首先，招标人要保证与报价相关所有信息的公开；其次，对评标办法的设定、在评标时对其报价组成的认真审查、对其报价问题的妥当处理，也是防止低于成本价中标的关键手段，这将在后续章节中详细论述；最后，则需要招标人对自己这方项目管理人员在职业道德上严格约束，并对外树立起自身的良好形象，杜绝投标人怀有先行进入后与建设方人员合谋图利的不良想法。

三、防挂名顶替

此即是资质挂靠，这在招标阶段或不易察觉，但在实施阶段很易查出实情，因此，除非是招标人自身以往对此类现象采取纵容态度，否则，以招标文件中对此的严格约束和清退出场的严厉措施、以招标人以往对此采取的严厉措施，应当能够对现今投标人起到足够的警戒作用，足以使欲如此行者大为减少。而建设方在资格预审时对投标人信誉的考察、在投标澄清答疑环节中的严格审查，对其中迹象外露的，也应当能够引起招标人的足够怀疑，并进而通过进一步的核查将这一部分挂名顶替者在此阶段剔除。如果在合同实施阶段发现此类情况的，自然严格按既定措施将相应队伍清除出场，而这又极大有助于避免后续招标时此类情况再次出现。

四、防轻诺寡信

这是在我国建设项目投标中普遍存在的问题，即投标人应招标之要求而文过饰非、满口承诺，实施时却大相径庭。这主要体现在以下几个方面：项目经理及其他主要管理人员的配备、作业人员及作业所用各类工机具和各类仪器的配备、项目完成时间及其中的主要里程碑节点、质量目标及质量过程管理、安全及文明施工管理。

这种风行的弊病一方面直接源于投标人自身急于中标、急于承接项目，在这种急切性之下，投标人放弃了对诚信的守持，乃至轻诺成性，另一方面，这也有着更为重要的外在原因，即他人花言巧语，而你却实事求是，作为浸于社会普遍现状中、虽受其害但亦深陷其中的招标人，通常仍会沿袭以往评标等于评文的旧套，由此使后者必定落败，这促使后者向前者转变，这又进一步加强了这种不良社会弊端，由此形成了恶性循环，并构筑了较为牢固的现状关联。

为打破这种关联以获得真实的承诺，作为招标人，如果具有连续不断的同类项目，就必须从既有项目开始建立起重合同、重承诺的外在形象，不仅严于律己，也要严以待人，这将起到显著的正面示范作用，反之，无论有多少聪明的智巧方法，都毫无用处，因为既往项目的例证足以显示了招标人宽泛容忍的可能，投标人一旦有此认识，必然因应而动，因为与可能的损失相比，轻诺所得更多。如果招标人通过在既有项目中对合同的严格执行树立起广为人知的形象，投标人自然会收敛起满口的承诺，反之，则会树立相反形象，并使其他参建方普遍形成不良认识和不良意识，它们传导到投标人那里后必定导致投标人的轻诺，同时，这种认识和意识也会对现在和将来的合同执行形成强大阻碍。

作为招标人，要获得真实的承诺，还需要在招标中重点强调对履行承诺的监督，以确保对方能清楚认识到它对实现承诺的重视以及对此将进行的足够监督，同时，作为招标人，还需要对投标文件的一致性、统一性、关联性予以足够重视，认真审查承诺在前后内容上的一致性、审查基于项目的系统性而具有的统一性和承诺履行与成本构成的关联性，同时，审查相应措施的可执行性和保证能力。将这些审查作为评分中的重要项，在评标标准中设定具有原则性又具可操作性的评分内容。

在投标人的承诺方面，不得不提到招标人存在的另一类问题，即过分要求、奢望对投标人的轻诺所起到的推波助澜的作用。某集团工程公司制定了严格的文明施工标准和安全施工标准，足以显示了大集团在工程建设方面的高标准、严要求，各大项目的管理团队担心在执行时无合同依据，逐将其全部纳入招标文件中，虽然如此，投标人在确定报价时对此并未认真对待，评标者在商务评标时也不以为然，他们直觉判定如以此为据，报价或许就高而不中，而在低价中标的承包商进场后，鲜有按此实施的。在施工阶段，当建设方提出那些所费不菲的严格要求时，承包商相应的成本问题就突显出来。

五、防"以貌取人"

随着建设领域招标方式的普遍采用及各行业内建设项目在各专业、各工序上存在的共同做法和普遍要求，投标文件的格式化应运而生，并早已成为普遍而正常的现象，只要因应项目具体特点及招标人的具体要求对选定的格式文本、固定模板作适当剪裁、调整、加工后即可用来投标。现代交流、沟通方式又是如此便捷而丰富，只要用心且舍得花费，任何投标人都不难得到这类由他人形成的高质量范本或模版，再经必要修改后即成一个让人赏心悦目的投标文件，而作为有实力而又诚信的投标人，却会基于在技术及管理上的经验积累和文化沉淀形成与自身技术水准、管理特点相应的范本或模版，并由专业人员据此编制与本项目特点相符、响应本项目要求的投标文件，但它在文字组织、内容编排方面却可能不及前者。如果建设方对此没有足够认识，而评委也没有足够的辨识经验和责任心，就很可能在评标中使前者分值高于后者，这也就犯了以貌取人的错误。

对此种不良现象的防范有类于对轻诺寡信的防范，但还需有以下的应对之策：

首先，尽可能采取邀请招标方式，由此使投标人限于自己熟知的乃至是与自己这方具有长期良好合作关系的供方，而如果是启动新的不同以往类型的建设项目，则可以通过多种手段了解各类供方的大体情况，并辅之以实地考察，只要投入足够的时间、精力和成本就足以避免让少有诚信的公司入围，也足以让善于文过饰非者无法轻易蒙混过关，而相对于因为引入不良供方而导致的损失，这种投入完全值得。

其次，对于必须公开招标的，则通过评分标准的设定将这种防范落实到具体的评标中，即针对在招标文件中、在现场踏勘时显现给对方的项目所在地自然状况及建设条件、项目的设计要求和建设方的管理要求等外界因素和内在独特内容，大幅加大方案、措施在针对性上的权重，而对因简单照搬出现诸如名称不对、时间不对等低级错误的，则予较大分值的扣减，如果投标人名称写错，则直接按废标处理。

最后，则是对招标评委的要求，即他们不仅要具有技术判定、评价的能力，也要有足够的管理实践经验，且其固有责任心及因声誉和利益的正向相关性外促而生的责任心能使他主动、认真地甄别真伪。

以上论述莫不是建立在招标人诚意要通过招标选定满意供方这一根本点上，招标人首先要保证自身招标过程的真实，其次才是对投标人投标真伪的辨识，而如果是招标人自己暗中操作，那么，除了已内定的那一投标人之外，其他投标人都不过是一些毫不知情却在一起帮着演戏的配角，自然，当这不良行为被识破后，招标人即使逃脱法律制裁，也必将丧失自身信誉。

第三节　确定评标办法、确定技术及商务分值权重

一、几种评标办法的比较

在建设领域中，现在通行的评标办法主要是最低价评标法和综合评分法两种。最低价评标法是在技术标合格的前提下，依据统一的价格要素评定各报价，以提出最低报价的投标人为中标人，因为要对报价作必要的差错修正，所以，这最低报价未必就是相应投标人的直接报价。综合评分法，是给技术标和商务标以不同权重，技术标按投标人业绩、项目管理组织机构、项目质量、安全、工期等项目目标、施工组织设计或项目实施计划等不同要素、不同权重打分，商务标以最低报价、各报价算术平均值、各报价及标底价的平均值等方式形成评标基准价，以各报价接近程度作为商务评分依据，同时，为确保报价质量，使其符合既定组价原则，根据商务偏离情况予以不同扣分。据此形成最终评标分值，以分值最高的投标人为中标人。

除以上两种评标办法外，在评标中还会用到拦标价和标底价，它们不是评标办法，但却是评标中确保评标质量的有效手段。拦标价，顾名思义，是设定最高买价，过此不买。标底价，原有两类，第一类是建设方的预期价格，以往常以报价接近此价的程度作为商务评分的主要依据，第二类是建设方能接受的最低报价，低于此价，即因其远低于社会平均成本而做废标处理。2012年颁布施行的《招投标法实施细则》第五十条规定"标底只能作为评标的参考，不得以投标报价是否接近标底作为中标条件，也不得以投标报价超过标底上下浮动范围作为否决投标的条件"，因为有此限制，第二类标底价不复存在，而第一类标底价的意义也大不如前。

无论是采用最低评标价法或综合评分法，无论是用到拦标价或是用到标底价，决定其是否适用的都是以在真实报价基础上能否真正获得质优价廉的工程产品为根本，就此以避免串标、避免价格虚高、防止低于成本价的角度对它们具体分析如下。

最低价法最能有效防止串标，除非串标人买通所有投标人，否则，必定会冒着不中标而又花费不菲的巨大风险，因为只要有一个投标人未与同谋，这个未同谋的

投标人就具有了不负担串标成本的优势，如果同时再辅之以其他防范措施，则即使是中小型项目的招标，也都应足以避免大部分串标的图谋，而对于大型建设项目，依其承担能力而有资格入围者，必定均是大型承包商，基于自身信誉、自我约束，基于标的的规模、复杂程度及与建设方维护关系的重要性，串标的可能性本身就较小，加之有此最低价法，串标的可能性也就更小。

综合评分法中的商务标如果是以最低报价为评标基准价，也有类似于最低价法的效果，但因为有技术标的权重，效果自然不及最低价法，而如果以各报价的均值作为评标基准价，就容易让串标者兴风作浪，因为所串得的投标人的数量如占得多数，而串标人又能对相关的材料、机械、劳动力的市场价格信息清楚掌握的话，它就能操纵整个投标局势，使自己在商务标上独占鳌头，由此就能通过抬高自己及所有被串标人的报价，使自己得以具有"溢外利润"的报价中标。在中小型项目的邀请招标中，如对投标人选择不慎，这种情况就有较大可能发生，如果同时还设有拦标价，就更提高了串标者对真正投标人报价预测的准确性，其结果就是串标者以接近拦标价的报价中标。

最低价法最容易出现低于成本的报价，因此，当采用最低价法时，防低于成本价就成为招标中的重点。作为任何一个招标人，如果不顾及对方成本而一味求得过低价格，它实质上就是对供方的过度索取，即使投标时投标人未能清醒地认识到这一点，这也是理智的招标人不会去做的。如果是公开招标，无论对潜在投标人有何深入的认识，都无法将任何一个声名不佳却符合资质及业绩要求的单位阻于投标之外，这就难以避免过低价者中标，因此，除非大型建设项目，因其规模之大而对资质、业绩、承包能力的限定使得唯有大型承包商方有资格、有能力参与投标，否则，以最低价评标法公开招标风险巨大，而邀请招标应是最为适当的方式，但对国有资金占控股或占主导地位的项目，邀请招标却被严格限定在两类情况下：一是因技术复杂、要求特殊或受自然环境限制而只有少量投标人可供选择；二是因采用公开招标方式的成本占项目合同金额比例过大。

用最低价评标法，自然也不只是单看一个报价，还要分析、评判其构成的正确性和合理性，因为建设项目不同于定型产品，项目的特殊性决定了报价构成的重要性，而对最低报价所进行的这种分析、评定，实质上也就是要找出其价最低的原因所在。如果是因为具有明显的成本优势，自然就不存在低于成本的问题，如果是因为投标人重大的让利，且其有足以合理的解释、对因此利润的损失乃至亏损有基本准确的测算，并在资金保证上有让人信服的措施，作为招标人，未尝不可接受这样的低价，因为投标人能够承受得起这样的低价，但如果是由于自身原因导致的重大遗漏、疏失而使报价过低，或者按未实质响应招标文件对待而废此标，或者将所有缺漏项以其他投标人同项最高价计算后形成评标报价，如仍为最低，则反以其他投标人同项最低价并予足够的惩罚性扣减后形成中标价也即合同价，自然，不能因这种惩罚性扣减而使其无利可图。

拦标价是我所能接受的最高价，它的设定从根本上避免了报价的虚高，它给出了报价的最高限额，过此即按废标处理，意在首先筑起围栏，将高价者拦于外，而它对有效投标人的评标则不发挥任何作用，但如果采用的是综合评分法，商务部分评分又以各报价均值作为基准价的话，这将使串标者更易得逞，而如果采用的是最低价法，设定的拦标价又过低，则或导致流标或导致恶性竞争，而在后一种情况下，更容易产生低于成本的过低报价。

招标人预期价格的标底价，因为有《招投标法实施细则》的限定，只能在综合评分法中与各投标报价按既定公式形成商务评分的基准价，虽然事前获知标底的益处不同于只以标底价作为基准价时那样巨大，但无疑也增加了中标的可能性。标底本就最易泄露且泄露又难以查证，现代通信技术的便捷和多种多样也为标底的泄露提供了更便利的条件，从而增加了保密的难度，但这同时也使招标人领导层增强了确定标底的把控能力，而标底确定的时间也可以更接近开标时间，因此，当采用标底价时，建设方应当寻得妥当的标底确定方式和确定时机，以此确保标底的保密。

二、商务标与技术标评分权重

综合评分法是招标中常用的评标方法，商务标与技术标的权重分配则是决定采用综合评分法后首先需要确定的重要事项，那么，确定两者权重的依据是什么呢？就此，从极端状态开始理论思考莫不是一种有效方法。如果商务标权重占全部，则技术标书或没有编制的必要或仅作为进入商务评标的一项前提条件，对于材料、设备，如其制造技术成熟、技术标准明确、在市场上或在所圈定的投标人范围内货源质量稳定，以如此方法确定供应商未尝不妥，而对于工程本身的招标，因项目具有的特殊性，这种方法只能适用于规模小、技术单一、所处内外环境稳定而明确、不可控因素少、监管难度小的项目，而如果不当地扩大所用范围，因为对投标人的任何规划、实施技术、管理思路都无法通过技术标评分而在技术及管理上认真权衡、细致遴选，选定供方这一过程就必然存在更多的盲目性，并给以后的过程监管带来更多障碍，由此对项目的成功构成更大的不利风险；如果技术标占权重占过大，则不会有商务报价，自然，这必定是成本补偿合同，这对于技术或管理极端复杂以及技术不成熟的项目，确有必要以此种方式选定供方，而对于其他情况，在EPC模式下，因为有足以能以翔实的基础设计作为招标依据，在E+P+C模式下，也有足以满足招投标所用的工程量清单，自然，断不能以此方式招标。

由以上不难看出，我们应当根据完成项目任务所需技术和管理的复杂性确定商务及技术权重，在此，技术的不成熟视同于技术的复杂。技术及管理复杂性的反面是过程的可控性，不同于购买成品的即时性，购买项目产品的时长与项目工期相等，也不同于购买成品时既定的质量，项目的过程管理形成了过程质量，也因此形成了可能在多年后方显示结果的内在质量，如果因为项目产品本身的特点而使过程的可控性较差，过程管控的重要性就更加凸显，技术权重因此就要加大。

由此，我们不难判定，如果不以上原则确定技术和商务权重而使商务标权重过大，投标人之间的价格竞争就必然加剧，各方报价因此偏低，项目的技术和管理风险随之加大，项目质量就难以有资金上的和技术、管理上的保障；反之，如果设定的技术标权重过大，投标人之间价格竞争的重要性随之减弱，各方报价因此偏高，项目投资成本偏大，乃至高于同类、同规模的平均水平，这将使招标人产生不必要的付出。自然，技术评分占全部权重，也并非完全不考虑成本，在确定招标方式以及邀请招标时对投标人的选定都含有对成本的考量，而与商务报价占全部权重相对应的，是建设方不得不增加自身在过程控制中对质量风险、进度风险的应对成本，而所增加的成本大小又取决于这一项目技术及管理的复杂性。

第四节　招标文件编制及评标中的重点

无论是在商务方面或是在技术方面，无论是招标文件编制或是评标过程；为保证招标质量、获得满意的中标人，建设方都应当做到以下几方面。

一、信息的公开

无论是建设方、承包商或其他参建方，其买或卖的行为都基于自愿，但对于项目信息尤其是与成本紧密相关的那些具体情况，如招标人不向投标人讲清楚，乃至有意隐瞒，投标人又因为不知情况而报价并且中标，则这一中标人执行合同的成本将超过原预测，乃至超之甚多。对此，承包商也会以同等态度待之，它会利用开工后任何可以利用的优势，以工程为人质迫使建设方退让，以能给其过度的赔付，若此，建设方在招标阶段即为相互间埋下了不依规矩行事、不遵行合同约定的恶种，而这种状况的严重性与中标人因招标人不诚信所多付的成本具有显著的正向关系。

鉴于以上，信息的公开，首先就体现在招标人对与投标有关信息的如实、全面公布上。作为买家，建设方有权对所有与它有合同关系的其他参建方提出诸多项目要求，只要不违背法律、法规、不侵犯对应组织和个人的固有权利，任何针对项目过程或项目产品的要求都不为过，但其基本前提是，相关信息在投标文件中、在现场踏勘时、在招标澄清上完全的公开和全面、准确地发布，如此，投标人方能在报价中对此充分考虑，唯此，方能视同与满足这些要求相应的成本已包含在报价中、包含在建设方给付的价格中。招标人将那些涉及对方成本发生的一切情况如实告知，正是承包商等各供方通过报价将相应责任转化为对等利益的基本前提，因此这也是确保责、权、利相统一的前提。

二、要求的适度

作为招标人，在招标文件中提出的各项要求须在同行业正常理解范围之内，而对基于项目具体的特殊性而需要有的超常规的高要求或特殊要求，必须在招标文件中全面、细致地说清楚，同时要求投标人就如何满足它们而在投标文件中讲清楚，并将这部分内容作为技术评分的重点之一，如其不然，投标人对此类要求的落实和满足或因为缺乏足够认识或因为深度怀疑、认为仍不过是说一套、做一套而不予重视，并难以将其体现在报价和工期计划中，由此造成报价和工期确定的偏失，这一因素连同认识不足、缺乏足够的技术和管理准备或相应能力将使得这些要求在合同实施阶段难以落实和满足。

要求的适度也是就所确定的投标人范围内所应具备的实力和水准而言的，选定不同的投标人范围即资质、业绩的不同要求或被邀请投标人的不同选定标准，适度的程度自然不同，不注意这一点，就无法做到适度，就如同神华集团电力板块对电站项目文明施工的要求如用于其他板块的建设项目上必难成功一般，因为只有历经数个大型项目、历时十余年而培育出的承包商合作伙伴，方能使其在文明施工上达到同等的高水准。

要求的适度也体现在风险承担责任的合理划定上。在以招标形式确定供方时，除非有违法律法规，否则，招标人对此有完全决定权，只要将其放入招标文件中，建设方要求供方承担哪类风险，供方就应当承担哪类风险，但如果这类风险在以往同类项目中都是由建设方承担或这类风险是供方无条件、无能力承担的，就很有可能在合同实施中导致这类内容失效或是合同双方就此僵持不下。因为以往均是由建设方承担，如果不予特殊强调并因此使投标人认真对待，投标人就不会充分考虑应对措施和相应成本，而如果这类风险是投标人无条件、无能力承担的，这样的苛刻要求将使潜在优质供方知难而退，贸然前来投标的或对此茫然无知或对此不以为然，到合同实施时，它们也不会主动识别、跟踪这类风险，更不会有效应对，而建设方即丧失了对风险应有的警觉，也丧失了重要的风险信息来源，一旦不幸事件真的来临，它就只能徒然接受了。

三、对特殊的强调

此之特殊，或是因项目本身的独特而对项目过程、项目产品的特殊要求或是因项目的高目标而在适度范围内超于常规的高要求，对在同行业建设项目中虽然不超于常规却通常却不予满足、不予执行的那些要求或规定，如果在本项目要严格落实和执行，也应以此特殊待之。如有此类必须满足的要求、必须执行的规定，为避免投标人仍沿袭以往在其他项目上的惯常思维而不以为意，进而不在执行上、不在成本及进度上予以足够考虑，作为招标人，就必须在招标文件技术内容上足够强调，同时，也需要在招标文件的商务内容中提出报价构成对应性的要求，自然，也需要一并采取漏项防范及对漏项公正处理的措施。

在此也要避免在招标文件中所提要求的庞杂，否则，将使真正与成本、与进度相关的事项包括这些特殊的要求都湮没在众多繁杂、琐细的要求中，由此给投标人造成信息过载，使其在有效投标时间内难以消化，也就难以将这些要求转化成投标报价或工期因素，就此而言，这也可视为是招标人无意中的"欺骗"。

在此需要强调的是，做好以上这些能否取得应有效果都与招标人给投标人的印象和认识紧密相关，因为对招标人是否谨守合同、是否言行一致的印象和认识是决定投标人对招标文件各项要求重视与否的最关键因素。这种印象和认识或因招标人项目少、对之缺乏了解而以同类市场上建设方的普遍状态暂代之，或因对招标人既有及正进行的项目多有了解而形成了相应印象和认识。在遵守合同方面，如果各投标人都对招标人有较强的正面印象和认识，前者无疑会"以诚相投"，反之，少有投标人愿冒失去中标机会的风险而将这些要求认真考虑并体现在报价或工期中，因为它判定其他投标人会以同样态度对待，而一旦在合同实施时招标人按合同提出要求，矛盾就立即出现。试想如果有一个投标人对招标人要求的随意、管理的低级、高要求和低满足有更透彻的了解，它就可能以低价中标，而于合同实施时，如果招标人一改以往而要求严格按合同执行，它无疑将全力抵制，由此造成双方对立。

四、报价与技术的一致性

实施技术上的方案或措施所产生的成本本应计入商务报价中而成为报价中或多或少的组成部分，而商务标与技术标的一致性也本应成为评标的重点之一，但这却正是招标文件编制及评标的薄弱环节。为保证投标质量进而保证评标质量，作为招标人，在编制招标文件时，必须使商务部分的内容或要求与技术部分的内容或要求统一，而在评标时，必须将商务标与技术标两者的一致性作为评标的一项重要内容，如果两者少有不一致，就验证了投标人具有实行技术标内容的真实意愿。

就投标人而言，投标报价与投标文件技术部分的内容惯常出现的不一致，如果不是投标人有意而为，则只能有两种可能，或是计算报价时有所疏忽和遗漏，或是技术标内容不实，即它本就不曾考虑到这些内容的真正实施和执行。对应于招标人在安全及文明施工、工程质量、技术性能上更严格或更具独特性的要求，在如何予以落实和满足的内容上最易出现这种不一致，就此，对那些可在招标文件的工程量清单中体现的施工方法或施工措施要求、工程实体设计要求，作为招标人，必须无遗漏地逐项列入，以尽可能保证这种一致。

五、技术标执行的可信性

技术标的评标最为关键的是标书内容执行的可信性。轻诺寡信是投标人常有的问题，也是招标人应当重点防范的问题，对此，前面已进行了整体性论述，单就评标这一环节来说，有三点最为根本：第一是标书的承诺类内容是否是投标人真实意愿的体现，也即用心真伪；第二是承诺类内容是否具有可行性；第三是是否有足够的有效措施确保承诺的实现，其中，第一点是核心，它在相当程度上决定了后两点，而第二点又在相当程度上决定了第三点。

用心真伪，即投标人是出于真正践行的意愿或是仅为急于中标而空口承诺，这体现出投标人作为一个组织整体的投标理念乃至经营理念和组织文化。如果投标人不"以诚相投"，它必定就会因急于中标而轻许承诺，要么全然不顾它并无实现的可能，这或是原就非人所及或是超过自身能力和实力、超过它在此项目的可承受程度，要么虽然可行且它的能力和实力足以承担，但在投标时就不想去兑现。

针对技术标执行的可信性，作为评委，在评标时应当以如下视角或方法进行审查，并就此形成评分，评分自然要按照评分原则进行，而评分原则要随招标文件一同公布，因此，评分原则的妥当设定又正是促使投标人真实投标、提高技术标执行可信性的首要手段。

其一，审查承诺部分与相应措施和方法的保证能力。如果是出于投标人的真实意愿，那么，越是高于常规的承诺，对实现承诺的措施叙述的就越为翔实。在此，需要明确的是所有对项目结果和过程状态的描述都是承诺，自然，项目各项目标及具有承诺字样的其他内容是其中最为重要的部分，而所用措施和方法的内容则是对实现承诺做出的安排和过程中的保证。保证能力的审查，就是要审查所用措施和方法、所用资源是否足以实现承诺，简单例证如大规模钢材的除锈必须要采用喷砂或抛丸方法而不是用手把砂轮，如果保证能力不足，它的可信性就大打折扣，而对严重缺乏保证能力的，就没什么可信性可言了。

其二，审查承诺内容在项目管理几方面的对应性和统一性。项目具有最为明显的系统性，项目内外各方面客观存在的有机关联正是这种系统性的根源所在。在项目管理上，无论是质量、进度、成本或是安全和文明施工，无论是人员、机械的资源配备或是采购管理、风险管理，相互间都紧密连接而成一体，因此，投标文件中的这几方面内容是否体现出了对应性和统一性就成为判定其执行可信性的重要方法。商务内容与技术内容要有对应性，而在质量、时间、安全、文明施工等方面的承诺与资源投入、进度计划等也要有对应性和统一性。就此，还需注意两点：一是各评委之间的充分沟通是做好这类审查的前提，必须使信息顺畅而充分地流通和传递，为此就需在责任明确、界面清晰的基础上建立起成员间紧密联系的机制；二是各评委既要足以了解这种或局部或全局的关联性，同时也要足以能对投标文件相应内容作准确辨识和判断，为此，评委就需要具有相应的经验和知识。

其三，充分利用评标时对投标人澄清的要求。对在以上过程中发现投标文件存在的不明确或有疑问的内容，选取其中所有可能涉及调整报价和评标结果排名的内容，提出有极强针对性的关键问题，书面要求给予足够详细的澄清或说明，依据对方答复内容的现实性、相关性或契合度做出相应判断。

第五节　商务标的报价问题

报价问题有报价虚高和低于成本价两类，报价虚高或是因测算失误或是因串标有意而为或是因招标人公布的与报价相关的信息与实际不符所致，其中，最后一种情况并不常见，也较容易避免。对报价低于成本的，有三类原因：一是投标人的重大遗漏，或遗漏了花费不菲的任务、措施、材料、设备，或遗漏了某项额度较大的取费；二是投标人测算失误，使得某一个或几个主要项以远低于成本的数值来计算和报价；三是投标人有意而为，这分两种情况，一是利用招标文件漏洞，以图先低价进入而在项目实施时再通过正当渠道增加工程款，二是妄图在实施过程中通过获得不合理变更或进行不正当索赔而额外获益。

一、重大遗漏

招标人如果在评标办法、评分标准中设定了严厉的惩罚措施，将使投标人足够谨慎，但这也难以杜绝重大遗漏的出现。

对重大遗漏，可以以"投标文件没有对招标文件的实质性要求和条件做出响应"为由，否决其投标，而如果剩下的有效投标公司不足三家，就将流标，重新招标的时间损失及串标成功可能性的增加因此成为是否废标的重要考量因素。如果不重新招标，而所有投标又都有这项重大遗漏，可按统一的定额标准和信息价计之，并从中扣除一定处罚额后，形成新报价，如果并非所有投标人都有这项遗漏，则要对此遗漏"做不利于该投标人的量化"，在采用最低价法或以最低报价作商务评分基准价时，以其他投标人同项最高值加入它的报价中，乃至加上一定惩罚系数，在以各报价均值作商务评分基准价时，则将其他投标人同项的平均值计入算得基准价，但仍按它的原总价评分，乃至直接扣减商务得分。以上无论哪一种，如它中标，就以其他投标人此项最低值在做一定的惩罚性扣减后形成合同价。

对非重大遗漏，即不会导致评标结果的不同、如果中标不影响到其项目整体效益的遗漏，也以以上方式形成评标价，如其中标，对合同价的形成，则或同样以其他投标人同项最低值做惩罚性扣减后计入或直接将其视为零，在前一种情况下，如所有投标都有同一漏项，同样按已明确的定额标准、信息价依据计之，并扣除一定处罚金额。

依据公开、公平、公正、诚实信用的原则，对以上处理所及相应算法、惩罚系数等都要作为一种对偏差修正的量化标准而在招标文件中予以明确。

二、测算失误致使报价异常

在采用最低价法或综合评分法而商务部分以最低价为基准价时，如果投标人测算失误，使它在一个或数个重大项上测算的费用异常低而使报价最低，如无相应防范措施，就会使因测算失误而报价超低的投标人中标，自然，在一个或数个重大项上所报费用异常也可能是因为投标人具有特殊的成本优势或基于正当目的的自主意愿。对此，评委应当根据此类报价低于其他报价的程度采取两种不同方式处理，当它与其他报价相比并非相差悬殊时，可直接按此评标，如其中标，即按此形成合同价，而当相差悬殊时，评委就应当要求这一投标人就这一个或几个关键项"做出书面说明并提供相关证明材料"，而如果"投标人不能合理说明或者不能提供相关证明材料的，由评标委员会认定该投标人以低于成本报价竞标，应当否决其投标"。

三、有意而为

投标人有意使报价低于成本，或是在利用招标文件的漏洞或是恶意而为，它们都只发生在采用最低价法或采用综合评分法而商务部分以最低价为基准价时，如其不然，你有意自损的低价并不会给你增加中标的任何机会。

对于投标人利用招标文件漏洞低价进入而于实施时应当获得增价的，作为独立法人，招标人要自行承担此漏洞之失，因此，对这类情况，招标人只能通过自身对招标慎重以待、对所有招标内容认真拟订来全力避免，而不应当通过设定明显不平等的条款规避对自己的过失承担责任。

投标人的恶意而为，或是有意遗漏费用大项或是有意在一个或数个费用大项上以远低市场的价格来计价。对这两种情况的处理，自然与前面所述相同，但在此仍要强调的是，即使在评标阶段，仍必须伴之以足够的声明和警告，以尽可能消减那种中标后能以不正当索赔获得足够弥补的意图。

第六节　信任与怀疑，分权与集权

一、问题的现象

当建设方是国有企业时，有一个它自身的内部问题越演越烈，这在供方选择阶段日显突出，当建设方是大型央企时尤其明显，它就是上下级之间对信任和怀疑的把握、对分权与集权的设定。它虽然是建设方内部问题，但却必然地与供方选择过程、与供方各类关系处理紧密相连，并对相互间合作或冲突的具体状态产生作用。如果这一问题处理不好，将严重影响到与供方的各类关系，严重影响到各项项目管理工作。

但凡对承包商、监理方、供应商等各类供方的选择及确定价格、核定工程量、措施量的事项，都直接关系到这些供方所得，因此成为敏感之事，这也因此是各类建设方严加看管的事项，尤其是选定供方。国企原有的制度本就对此有着繁杂的要求，而随着国家反腐的推进，为避免下面以权谋私，则或是像采购那样将越来越多的权力向上集中以统一管理，或是提出像必须公开招标、必须采用最低价评标法那类一刀切的要求。它们给项目造成的巨大阻碍、所形成的巨大风险、它们给建设方与各方关系上造成的巨大负面作用在本书中已经或将要作详细的论述。

对以权谋私的怀疑似乎有它充分的理由，集权于上统一管理和整齐划一的规定似乎也是在通过权力限定和制度建设来杜绝以权谋私。只要手中有权而又不受制约，这权力的拥有者就不容易经得起攫取私利的诱惑，作为一旦完成即时过境迁的项目，也难以保证建设方人员不与承包商、供应商等合谋图利。这些似乎与国企性质有必然联系，但是，统一管理就能防止权力私用吗？显然不能，在整齐划一的规定中就没有空子可钻了吗？显然也不是，它们却给项目带来了效率上的巨大损失和难以预测、无法把控的风险，而在选择供方阶段被压制的必要灵活性也必定会在执行阶段予以非正常释放。那么，问题就无解了吗？这类问题的实质就是如何对待信任与怀疑、如何处理分权与集权的问题，显然，即使在现有体制下，我们仍然可以解决这一问题，自然，它不是靠上交权力，不是靠简单划一，也不是靠程序的繁杂。

二、社会中的同类现象

信任与怀疑、分权与集权的两难，普遍存在于社会现实中。在20世纪80、90年代进行国企改革时，有见识、眼光敏锐的实践者就一针见血地指出"一管就死、一放就乱"的困境。这一问题不仅存在于国有企业，任何一个民营企业，在由数十人的小规模发展成数百人的较大规模时，也面临同样困境，突破了这一困境，它就进入到了一个全新阶段，而如果始终被其所困，虽然它可能因为产品的优势一时无碍规模的扩大，但却会在不久的将来成为紧紧束缚它进一步提升的重大问题，使它陷入僵化和混乱共存、忙碌和散漫同生的困境中，最终使它再无法向前迈出一步。

概而言之，凡是需要根据具体情况灵活处理的事项，如果对负责此类事项的岗位或人员授权不足，而是由其上一层乃至其上几层决定或是有着繁杂的审批程序，那么，相应的决定常难与实际情况相符合，而做出决定、履行完审批手续的时间也根本无法满足事项的时间要求，结果因此难达要求。中国古语有将在外军令有所不受，意指战场情况瞬息万变，左右胜负因素众多，作为身在战场的指挥官，唯有依据具体情况随时调整战术，并及时调整策略，方能获得胜利，相隔甚远的君主即使有足够的军事经验，也无法具体感知战场情势，因此，他也要有所不授，而让指挥官有足够的自主权。当然，历时越久、越脱离于现时表象的事，现场感知的优势也就越少，直至最后反不及远在千里之外运筹帷幄的战略制定者。

授权程度要依据具体事项不同各不相同，而对接受权力的人，也会有不同的要求，大而言之，是在能力、责任心、职业道德水准这三个方面的要求上，而这些也就是选人是否合适的问题，同时，这也与必要的监督机制相关。授权的必要性取决于被授权者完成相应工作时必须具有的灵活性和自主权，而这灵活性又与依据各种规章制度进行的监督存在一定冲突，由此，引申出以下几个问题。

第一个问题是，我们是否以怀疑论作为制定规章制度的出发点？美国的国家体制、法律体系造就了一个长盛不衰的、唯一现存的超级大国，而它们正是以人的自利性为出发点来设计的，由此引导人们在做出利己行为的同时也利于他人，这也与"好的制度可以使坏人变成好人"相通。然而，有俗语称"制度是死的，人是活的"，如果制度不被执行，哪来制度的作用？即使是监督制度执行的制度，也是需要执行的，因此，制度的设计也必须以能够得到执行为前提，为此，或是制度与人的天性和习性相合，或是有效的监管力量，而监管者的利益与监管的正向相关性、监管者所具有的责任心和对制度的认同感也要足以使监管不流于形式。

第二个问题是，如何处理好制度的既定性与完成工作必需的灵活性之间的关系。在这个问题上如果处理不当，或是制度的僵化使效益、效率丧失殆尽，并导致错误发生，或是权力被滥用，使以权谋私大行其道。这种随必要灵活性一同而来的风险必然与具体个人的诚信和职业道德水准息息相关，风险的大小也由此决定，这种风险自然也要与因给予的灵活性所带来的收益相比较，如图2-1所示。

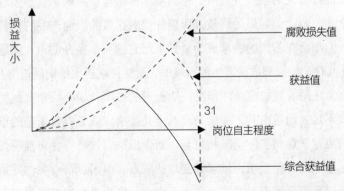

图2-1　岗位自主程度与组织获益、腐败[①]损失间的相关性

[①]　腐败是指滥用公共权力以谋取私人利益，但在本书中泛指利用所在组织给予的权力谋取个人私利的行为。

存在内容过多、过杂问题，进而丧失整体均衡性，同时，也应注意避免在精炼过程中以一刀切的方式将原有区别化的要求调高而使招标文件丧失应有的适应性。除了普适性的内容外，针对不同标的类型，在程序文件及管理规定中，对同一类事项也会有不同要求，如果这些内容确也需放入招标文件中，自然也需要编制出不同的标准化模版。

【案例2-2】热电站动力中心的低价中标

案例描述：

在南方某一热电站动力中心的EPC招标中，采用综合评分法，其中一家带中字头的大型总承包商报价显著低于其他投标报价，最终以低于次低价1.2亿元的报价中标。开标后，此投标人经自我检查发现在措施费中花费最多的脚手架搭设项上，测算时小数点点错位置。因为此数不是总报价，因此也不存在文字表示。面对中标结果，也只能自认倒霉。自然，除脚手架费用之外，与其他投标人相比，它在设计费及设备费上的报价也显著低于次低价。在合同实施过程中，合同中各项要求常难以落实，而在工程后期，现场更是近乎处于无管理状态，建设方为此深度介入，直接面对施工承包商和供应商，每日由建设方组织所有相关方开会解决相关问题。在建设方项目团队付出巨大努力之后，项目方最终晚于合同工期4个月竣工，而各类设备在试运转时即发现不少问题，在投用后也会时常出现问题。

案例分析：

这一案例所示问题的主要症结就在于建设方一味以低价中标为原则。虽然《招投标法》等法律、法规明确规定最低价法的低价不得低于成本价，但是这一建设方囿于集团教条式的强制规定，即使评标人员明确意识到投标人报价很可能存在重大测算失误，既不是基于真实的成本优势，也不是基于事先计划的主动行为，他们也有完全的理由和必要性要求投标人就此说明情况，但这在高举最低价原则的大氛围下显然是不合时宜的。作为这一低价中标人，一方面基于对声誉损失和长远利益损失的担忧，另一方面又怀有通过变更或索赔方式获得补偿的不切实际想法，因此，未能就退出投标与建设方充分沟通，由此冒险进入了前景黯淡的合同谈判及实施阶段。

在这一合同实施初期，盈亏并未明显显露，但随着这一工程进展的深入，建设方于变更、索赔问题上所坚守的原则性充分显现，同时，因实际成本和将得的收益逐渐明晰而使盈亏更显著地显示在眼前。到了施工的中后期，承包商财务上的压力越来越难承受，压缩开支、减少成本成为决定这一EPC承包商一切活动的最重要因素，由此导致施工承包商消极怠工，同时，随项目进程而需调换、增补的人员迟迟无法配备到位，承包商自身的各项管理无法跟进，为建设方过程管理的诸多要求也难以满足。在此情况下，建设方只能全力介入了，一方面建设方向在整个大项目的其他装置中也有施工任务的施工承包商施压，并极力鞭策之，另一方面由建设方项目管理团队介入到EPC总包及施工方的日常管理中，在相当程度上代行总包管理职责，以解决EPC总包管理严重缺失的现状，与此同时，由建设方项目领导亲自协调EPC总包与施工承包商间的纠纷，解决后者的项目资金问题，工程由此在跌跌撞撞中艰难完成。最终，因工期延误及设备质量问题而给建设方造成的损失明显高于低价所得，而合同中的进度罚款条款却难以真正实施。此工程结束后，有建设方项目领导深有感叹地说，早知如此，当初一定说服上级不选此最低报价者。

就此案例还需说明的是，此案例有一定特殊性，因为在通常情况下，EPC承包商的利润较施工承包商利润要高不少，但也正因如此，更能说明低价评标原则在施工承包模式下给施工承包商造成的巨大不良作用了。

【案例2-3】大型化工项目中的污水厂招投标

案例描述：

在北方一大型化工项目中的污水厂EPC招标中，采用的是综合评分法，其中的商务分值以修正后的最低报价为满分。到开标时，发现最低报价比次低价竟低千万元，修正后的报价仍是最低，而它的技术标分值也名列前茅，遂一举中标。

在合同谈判中，建设方提出了以此低价能否干得下来的疑问，而这家公司的总经理自信地告诉对方，他们要通过这一工程进入到建设方新兴的庞大市场内，此项目不求有多少盈利，稍微盈利而不亏即可，在他们接到招标文件并确定了所有设备的种类、型号及必要的技术参数后，即与相应的设备供应商谈供货事宜，凭借着它具有的良好的供应商资源以及良好的合作关系，也凭借着共同开拓市场的承诺，它获得了价格上的更多优惠，并就此签订了备忘录，约定一旦中标，即按此形成合同。最终，在此项目结束时，这一承包商在获得了建设方高度评价的同时，确实也做到了略有盈余。

案例分析：

这一类型的污水处理厂，做EPC总承包，它的费用主要在混凝土结构和设备两项上。因商品混凝土由集中搅拌站供应，单价事先已由建设方与集中搅拌站确定，而当地的钢筋供应也货源充足、价格透明，因此，报价中的主要差别其实就在设备上。这一承包商充分发挥自身优势，并精准地锁定价格，因此，它的低价是建立在对设备供应市场的准确把握之上，从而最终实现了费用目标。

【案例2-4】系统管廊基础招投标

在南方一个大型工业项目上，其全厂系统管廊基础施工分成两个标段一次招标。在招标文件评标办法中规定，采用综合评分法，商务部分以最低价为满分，权重为0.6。招标文件规定，如同一投标人在两个标段中综合得分均是最高，则取两标价高的标段为中标，另一标段则由评标得分排名第二的中标，但其总价以前者的报价为准，开标结果正因应此项规定。同一家施工企业因为在一、二标段的报价分别与次低价相差70万元和100万元而成为两标段综合得分最高者。在其以报价高的第一标段中标后，第二标段排名第二的投标人却拒不同意以排名第一的报价中标。建设方管理人员即难以承担废标之责任，也难以承担不依评标原则评标之"失误"，但更不能说服报价更高的其他投标人以此原则接受中标，建设方无奈，最终只能采取灵活变通方式处理了此事。

案例分析：

虽然投标人基于对此中标原则的风险认识不足、对这一原则执行后果的漠然无感而参与了投标，因此，投标人并非全无责任，但这种明显有违投标人意愿、使投标人承担了不应承担的风险的处理原则，显然只是出于建设方单方面利益的过度考量，实质上也就是以对立性的零和博弈思维在起作用。评标虽然没有采用最低价评标法，但商务权重过半，商务分值又以最低价为满分，自然，综合评分最高的的最有可能是报价最低的。此办法经过少数几次招标后，即被建设方审计部门叫停。

在建设方与两标段报价都最低的第一标段中标人进行合同谈判时，它的项目经理透露，它报价中的土方开挖、余土外运存在计算、测算上的明显失误，如果他们在递交投标文件前认真审查，这些失误应当能够避免，这充分说明了评标时对报价构成进行认真审查的重要意义。凡是投标人在报价上的明显失误，作为评委，都应当尽可能地予以发现并揭示给投标人，并由建设方事先通过对评标办法的细致规定而避免报价显然低于成本的投标人中标，自然，为最大程度避免投标人发生失误，建设方在符合法律法规的前提下，未尝不可在招标文件中设定相应的惩治措施。

虽然投标人对自己的投标报价负有完全的责任，即使存在重大测算错误或失误，一旦建设方因其符合中标条件而发出中标通知书，它就必须接受，但作为建设方，不应当贪图因此而得到的低价之利，否则，即使不考虑这不符合理义，建设方的自身利益最终也很有可能受到损害。

【案例2-5】某办公楼改造装修项目

在南方一个大型集团下属分公司的旧办公大楼改造项目上，采用公开招标方式选定承包商，评标采用最低价法。有一投标人报价最低，比拦标价低了230万元。在清标人员审查时，发现它的价格构成异常，其中的大理石材料价格不足市场均价的1/2，而它的人工单价则高于市场均价1倍。发现这一问题后，清标人员认为报价构成严重偏离实际，并且报价明显远低于正常成本，不同意让此家中标。但作为评委之一的建设方全权代表以最低价原则否决了此意见，这一投标人因此中标。在项目开始施工后，这一承包商迟迟不按进度要求进大理石石材，建设方多次敦促仍不见动静，最后承包商跟建设方说它的大理石报价过低，让它无法承受，而此时如重新按公司程序选择、更换承包商，因为由此延期而导致的直接、间接损失又让建设方无法承受，经过数天的僵持及双方高层领导的多次沟通，最终决定改由建设方负责提供大理石及另几类报价异常偏低的材料。

案例分析：

此案例的第一教训当然是务必警惕低价的诱惑，而针对报价异常如何处理，要制定出细致的规定，但是清标人员显然对以此报价中标将带来的严重后果有清楚认识，却因为他不是评委而不能对评标结果有直接的实质性影响和作用。作为重要评标内容的商务部分，并没有专业的费控人员以评委资格参加评审，而仍是由技术出身的评委进行评审。

随着施工时间的无端消耗，这一"心怀诡计"的承包商具有的主动权似乎在增加，但作为建设方，对此也应当早有所料，并应当要求承包商按远早于进度计划所需时间购进大理石，以此迫使对方的意图及早显露，并使自己有足够时间采取更换承包商等非常措施。建设方既不能因承包商恭谦的态度而对其掉以轻心，也不能因对对方的同情而减弱自身的原则性。

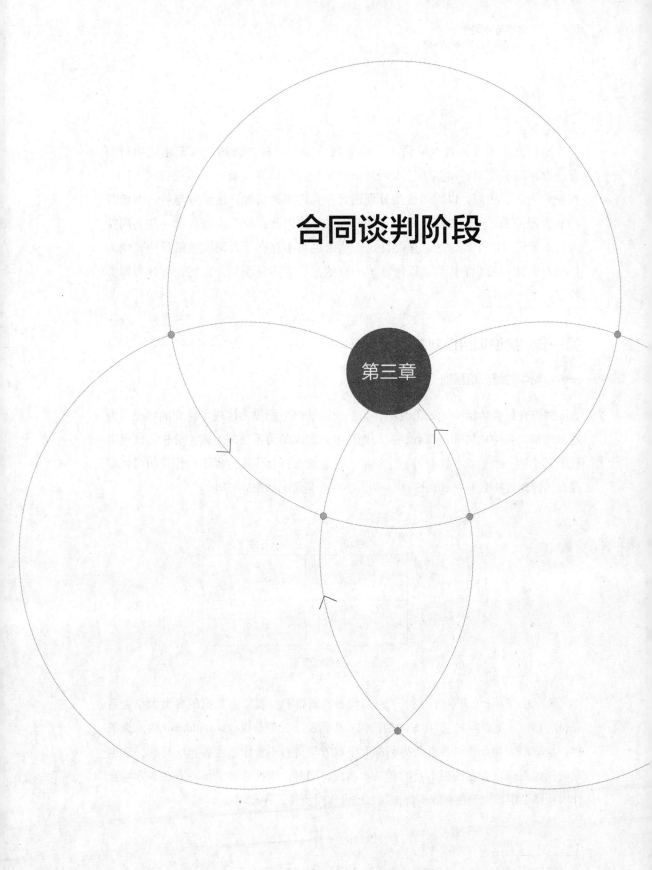

合同谈判阶段

第三章

招标完成即进入谈判阶段，这类谈判承接于招标，自然，对于建设项目而言，也存在不经招标而直接进入谈判阶段的情况，即直接委托，两类情况不同，相应对策各不相同，以下即按此分别论之。无论哪种情况，建设方与另一方即将具有合同关系，可以说双方具有了准合同关系，因此，两类谈判有着一些共同特点，本章先对此予以论述。这类特点实质上也莫不存在于合同实施阶段中，因为任何双方就分歧、争执沟通以能达成一致的过程也即是谈判，它们也都具有同类特点。

第一节　建设项目谈判的共有特点

一、谈判中的博弈论基础

博弈在社会生活中无处无时不在，而合同谈判更能提出体现了博弈的特点，为透彻理解谈判中的博弈论基础，我们先从组织之间的关系处理上入手分析。试想甲代表其中的一个组织，针对另一个组织乙，它或选择合作或选择不合作，仿照张维迎在《博弈与社会》一书的图示[①]，两方各自得利情况如图3-1所示。

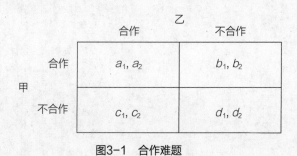

图3-1　合作难题

图示中下标1代表甲所得利、下标2代表乙所得利，就以上数据的各类大小关系总计有16种，见表3-1，而在其中的任何一类情况下，都是以$a_1 > a_2$和$d_1 > d_2$为前提条件，也即双方均合作时各自所得利都大于双方均持有不合作态度各自所得利，这也是合同关系得以存在的根本目的和基本前提，同时，依据常理，每一方在双方均合作时所得必定都大于在对方不合作而自己合作时所得，即$a_1 > b_1 a_2 > c_2$。

---

① 张维迎. 博弈与社会. 北京：北京大学出版社，2013年版第7页。

甲乙双方各类关系   表3-1

序号	a_1、c_1关系	b_1、d_1关系	a_2、b_2关系	c_2、d_2关系	情况描述	分析及选择
1	$a_1 < c_1$	$b_1 < d_1$		$c_2 < d_2$	双方不合作所得均大于合作所得	都不合作，陷入囚徒困境
2			$a_2 < b_2$	$c_2 > d_2$	甲不合作所得均大于合作所得，甲合作时乙不合作所得大于合作所得、甲不合作时乙合作所得大于不合作所得	甲不合作时，仍具有使乙合作得利的优势，甲选择不合作，乙选择合作
3			$a_2 > b_2$	$c_2 < d_2$	甲不合作所得均大于合作所得，甲合作时乙也合作所得大于不合作所得、甲不合作时乙也不合作所得大于合作所得	都不合作，陷入囚徒困境
4				$c_2 > d_2$	甲不合作所得均大于合作所得，乙在任何情况下合作所得均大于不合作所得	甲不合作时，仍具有使乙合作得利的优势，甲选择不合作，乙选择合作
5		$b_1 > d_1$		$c_2 < d_2$	甲乙对调后与2相同	甲乙对调后与2相同
6			$a_2 < b_2$	$c_2 > d_2$	甲、乙都在另一方合作时自己不合作所得大于合作所得、在另一方不合作时自己合作所得大于不合作所得	甲乙选择相反，或甲合作、乙不合作或甲不合作、乙合作
7			$a_2 > b_2$	$c_2 < d_2$	乙合作时甲不合作所得大于合作所得、乙不合作时甲合作所得大于不合作所得，甲合作时乙也合作所得大于不合作所得、甲不合作时乙也不合作所得大于合作所得	甲、乙选择相斥，形成甲合作则乙合作、乙合作则甲不合作、甲合作则乙不合作、乙不合作则甲合作往复不定的状态
8				$c_2 > d_2$	乙合作时甲不合作所得大于合作所得、乙不合作时甲合作所得大于不合作所得，而乙在任何情况下合作所得均大于不合作所得	结果与4相同

续表

序号	a_1、c_1 关系	b_1、d_1 关系	a_2、b_2 关系	c_2、d_2 关系	情况描述	分析及选择
9	$a_1>c_1$	$b_1<d_1$	$a_2<b_2$	$c_2<d_2$	甲乙对调后与3相同	甲乙对调后与3相同
10				$c_2>d_2$	甲乙对调后与7相同	甲乙对调后与7相同
11			$a_2>b_2$	$c_2<d_2$	甲乙都在对方合作时自己也合作所得大于不合作所得、都在对方不合作时自己也不合作所得大于合作所得	基于$a_1>a_2$和$d_1>d_2$这一前提，甲乙都选择合作
12				$c_2>d_2$	乙合作时甲也合作所得大于不合作所得、乙不合作时甲也不合作所得大于合作所得，乙任何情况下合作所得都大于不合作所得	甲乙都选择合作
13		$b_1>d_1$	$a_2<b_2$	$c_2<d_2$	甲乙对调后与4相同	甲乙对调后与4相同
14				$c_2>d_2$	甲乙对调后与8相同	甲乙对调后与8相同
15			$a_2>b_2$	$c_2<d_2$	甲乙对调后与12相同	甲乙对调后与12相同
16				$c_2>d_2$	甲乙都在任何情况下合作所得都大于不合作所得	甲乙都选择合作，形成最为稳固的合作关系

　　表3-1列出了双方在合作或不合作时的16种不同利益组合及各自因此所采取的对应策略，就其中的第3种情况而言，当是动态博弈而甲先选择时，基于对乙的正确认识，他只能选择合作，否则，必定是双方都不合作，甲因此有所失，而乙基于利益所持有的态度实质上也就是被称为最佳策略的"针锋相对"；就其中的第6种情况而言，双方具有较强的互利基础，都不合作对每一方都是最劣选择，关系的维持至关重要，但在此之上，一方不合作之所得必为另一方合作之所失，有俗语说"跟讲理的不讲理，跟不讲理的讲理"正是此状态的写照，此时，如果选择合作的一方出于对对方的了解并为获取不合作之利而改选不合作，则原是不合作的另一方就只能随之改为合作，因此，这是一种不稳定的平衡；就其中的第7种情况而言，这是因为双方具有互利的基础，如果甲先以不合作态度对待乙，以期向乙过度索取，那么，乙的不合作态度反倒有利于对自己利益的维护，此时甲将不得不转而合作，而当乙随之转向合作时，无理的甲却也可能会由此再转向不合作。

　　就表3-1所列16种情况，还需说明两点，第一是就建设项目而言对合作和不合作的界定，第二是双方各自的意识、行为、做法在不同情况下对所得利益具有的不同程度的决定作用。

合作就是以遵守合同、解决问题、促进项目进展为根本，以一种开放、互利、协商、理性的态度对待另一方，不合作则正与之相反，它不以以上为根本，却完全以各自狭小的眼前利益为重，以一种封闭、自利、无理的态度对待另一方，一方合作、另一方不合作的结果是不合作一方处于强势及优势地位、合作一方处于弱势及劣势地位，并以合作一方迁就、妥协于不合作一方获得"不平等合作"，而双方都不合作的结果则是双方无法达成任何一致，由此导致僵持乃至关系的破裂，作为谈判和合同关系实质的互惠交换也就无法实现。

除了客观既定因素之外，彼此双方的主观因素在某些情况下也决定了利益的大小，即对不同的主体，合作或不合作具有不同的状态，乃至对同一个主体，在不同情况下都会具有不同的状态，而表3-1所列的16种不同组合也莫不是16种不同的情况，这种主观因素因此也就影响到在不同组合下各自得利的多少，由此也就影响到彼此双方各自的选择。与此同时，客观因素在同一种组合中并非一成不变，它也会发生变化，利益大小因此而随之发生变化。

第1、第3种情况需要或是外力或是时间来打破囚徒困境，而能形成稳定合作关系的第11、12、15、16种情况是在满足$a_1 > c_1$且$a_2 > b_2$这一条件下使每一方基于利益都选择了合作，也即无论甲或乙在对方合作而自己不合作时所得要小于双方都合作时所得，这似乎有违常理，其实，正是因为双方具有了正常而稳定的合作关系，方能避免第2、4、5、6、8、13、14种情况下的一方合作、另一方不合作时形成的"不平等合作"，这后一类合作在沟通的充分性上、在各自的主动性上，在合作质量、合作效率上显然逊于前者，这也就是各自利益因应不同组合而发生的变化，除此，基于促进平等合作的目的，履约保函、预付款保函等都是以促进彼此双方遵守合同为目的而设定的，它们通过调节不同情况下的利益关系而避免一方因自身合作、另一方不合作而受损害，从而促进了稳固合作关系的形成。

项目建设的过程是一场重复博弈，在一个项目上本就有着无数次的博弈，而"在重复博弈的情况下，合作对每一个理性的人来说可能是最好的选择"，这使得项目具有天然的合作特性，但它也必须依靠每一个参与方正确的合作意识和合作精神，并将项目的天然特性充分发挥，否则，也一样会陷入囚徒困境中，而放眼项目之外，又有着后续合作的可能性，那么，这种可能性越大，在这一项目上合作的必然性也就越大，而在后继的合作中一方有求于另一方的越多，这一方在现有项目上合作的动力也就越强，自然，这多是供方有求于顾客、参建方有求于建设方，这就强化了第2、4、8类状态，但是作为建设方，不能因此为获取短浅利益而以不合作作为惯常态度，否则，建设方必定会在整体利益、长远利益上受损。

二、谈判双方考量的因素及相互影响

表3-1所列出的16种情况，除了第1、3、9三种之外的其他情况，谈判都会较顺利地进行，而这三种情况都将使谈判陷入囚徒困境的僵持状态中。但无论是客观因素或是主管因素，它们都会随着时间的流逝发生变化，彼此双方各自所得之利都以不同速度在流失，即便没有外力介入，最终利益格局的变化也会打破这一困境，从而使谈判复又进行，而即使没有时间的作用，谈判时双方对各自利益的权衡也会将时间的考量及长远的利弊融入其中，从而打破因现时而短浅的利益得失所导致的囚徒困境。

当双方因利益分歧而僵持时，每一方是否坚持原有立场，与三类因素相关，一是争执本身所及利益，即现时之利，二是坚持本身直接的成本，三是坚持所及的长远利弊。时间的消耗和坚持而胜的概率对后两类因素具有决定性影响，乃至对现时之利也不无作用，同时，每一方都是基于对另一方的判断而对这三类因素予以权衡进而决定自己的行动，而这种判定是基于对另一方的对外显现进行分析而得，如图3-2所示。

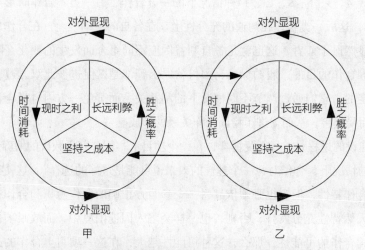

图3-2　谈判双方博弈中考量的几类因素及相互间的影响

双方因利益分歧而僵持，也就是因为在图3-1及表3-1中或是存在着$a_1<c_1$且$a_2<b_2$或是存在着$b_1<d_1$且$c_2<d_2$的状况，也即在一方合作时另一方不合作所得利要大于其合作所得利或是在一方不合作时另一方不合作所得利也要大于其合作所得利，而彼此双方都想从对方合作中获利。现在以第一种情况来考虑，图3-2中对这三类因素的权衡可以折算成图3-1及表3-1中乙对c_2与d_2的比较、甲对b_1与d_1的比较。当$c_2>d_2$时，乙将不再坚持，则甲遂愿而产生第2种的不平等合作关系，但也可能产生第6种甲乙反向选择的关系；当$b_1>d_1$时，甲将不再坚持，则乙遂愿而产生第5种的不平等合作关系，但也可能产生第6种甲乙反向选择的关系。

第一类、第二类因素在具体情况下是一目了然的，第三类因素的长远之利也就是时间之利及建立良好合作关系之利，长远之弊则是时间消耗及合作关系之所失。三类因素实质上即是将得胜概率考虑在内的获利与付出成本间的比较，这既取决于己，也取决于彼，对方亦然，而无论哪一方，这三类因素也都是以客观而入主观的认识即以当事人对此的认识为根本。在此之所以强调人的认识，是因为在当事人既定情况下，主导其言行的莫不是基于他的具体目的和他的具体认识这两点，如此，以事实为根本来强化、增强共赢利益部分在对方认识中的分量，弱化、减低对立利益在对方认识中的分量是谈判的基础策略之一，此时必须坚守不欺骗原则。

如果在我的意识中，你坚持所得到的利益也使我得利，就不存在谈判的问题，因为这是双赢，而当你要得到的为我之所失但失之较小时，例如作为化工建设项目的建设方，要求地下管道焊接也都采用氩弧焊打底，承包商所费成本不大，却对质量大有裨益，我亦会退让于你，否则，由此导致的僵持将使自己损失更大。自然，还有另一种情况，即你坚持要得到的利益对我而言则是同等的乃至更大的利益损失，此时，各方坚持意愿的背后就是以对现时之利、长远利弊、坚持成本的认识及对获胜概率、获胜时间所作判定为基础而进行的综合考量，一方以实际的坚持并显现给对方的坚持的决心将成为对方判断、决定是否仍要坚持的重要依据，与此同时，这也莫不是双方谈判者的心理角力，这种心理角力会使意志力弱、心理素质差的当事者因心境的紊乱使认识发生变化，即独特的情景会在其头脑中放大僵持的损失，由此而首先妥协、退让。

以上这种对立博弈可能是客观存在的正确反映，也可能是一种偏见和误解。对后一种情况，每一方都应当促使对方通过对事物获得真实的认识而纠正偏见、消除误解，并要反躬自身，纠正自身偏见、消除自身误解，从而降低相互对立的动机和意愿，这也正是谈判中的一项基本内容，与之同时，每一方都应全力将互利的任何可能转化为具体的措施。自然，为以上所作的说服和劝说都必须基于自己真实的认知之上，否则，就是欺骗，效果适得其反，良好合作的氛围因此将更难形成。有时，随着时间的推移也会使各方的得失或在客观上发生了变化或在人的主管认识中发生变化即认识得更为准确、全面、深刻，同时，因为僵持而使得双方所失均在加大、可能之利均在流失，双方共同利益的基础日益显露，它们或迫使一方退让或迫使双方共同寻得折中办法，由此化解僵局。

在此仍需强调的是，除非是建设方要求对方让利过多而使承包商等承接项目的意愿已大不如前，否则，从合作氛围及信任基础的形成来看，供方因僵持所失必大于因僵持取胜所得，也正因此，供方在项目初期常是合作氛围及信任基础形成的主动促进者，然而，如果建设方因此无度要求，就有如图3-1所示当在对方积极合作时自己却为眼前利益而选取了不合作，这必定引起承包商的反弹，它会认为建设方在合作态度上存在较为严重的问题，进而重新研判自身项目利益实现的可能性，而当使得项目对它的吸引力大为减弱时，它将在一定程度上转向不合作，从而会在与成本、与获利方面相关事项上锱铢必较、寸步不让，而这问题的根源则在建设方。

第二节　承于招标的合同谈判

一、适用情况及与招标的承接

无论采取哪种招标方式，只要不流标，招标完成后都要进行合同谈判，谈判的依据是招投标文件，而在《评标委员会和评标办法暂行规定》中也明确规定"招标人应当与中标人按照招标文件和中标人的投标文件订立书面合同"，因此，这一阶段的主要工作就是与招标阶段的承接。通常情况下，此类合同谈判相对简单，但在少数特殊情况下，合同谈判也会陷入僵持乃至有造成谈判破裂的可能，此时，无论是建设方，或是中标人，都要全力应对并妥当处置。

如果在招标文件中已将所有可能涉及承包商费用发生及时间消耗的各项要求、具体条件等项目信息都给予了正确明示，足以使一般投标人对此充分考虑，那么，合同谈判应足以简单，主要的工作就只是将招投标文件内容转换成合同的相应内容，自然，合同的法定效力要求我们在此情况下，仍需对合同文本的形成慎重以待。反之，就会使谈判复杂化，这也就突显了谈判的重要性，有的实践者就此提出任何签约前的谈判都是招标不完善的补救措施的观点，虽过于绝对，但也说明合同谈判与招标状况紧密相连。

如果项目情况发生变化或建设方的招标文件存在较为重大的遗漏或较为严重的错误，但还未足以导致必须重新招标，合同谈判就具有了重要的意义，谈判就有可能出现对峙、僵持，而如果建设方企图通过合同谈判使对方做出重大让步或者另一方企图抓住谈判机会迫使建设方对自身投标中的失误给以不当弥补乃至借此攫取不当利益，这类行为也将导致双方的对峙和僵持。

二、中标通知书发出时间

就招标后的谈判来说，还需明确它与发出中标通知书的顺序关系。《中华人民共和国招投标法》规定："招标人和中标人应当自中标通知书发出之日起三十日内，按照招标文件和中标人的投标文件订立书面合同。"按常理，只有定标后，方有彼此双方的合同谈判，但在工程建设领域，有的建设方会以中标通知书拖延发出为手段以使第一中标候选人能做更多让利。这种手段虽然未必无效，但效果也仅限于对方有足够自愿性的范围之内。这范围即是对方此时的底线，它因希望在即会将原报价有所降低或以其他方式再让利，但这也完全是它基于双方间即成的良好关系或出于形成良好关系的愿望，作为建设方，不应以此向对方索取过多利益，如果对方丝毫不再让利，建设方也没有任何权力以此为理由不选定此家，否则，就背离了《招投标法》的要求，而如果这是国有资金控股或国有占主导地位而依法招标的项目，因为法律上"有招标人应当确定排名第一的中标候选人为中标人"的要求而更是如此。还需要强调的是，即使建设方经谈判"成功地"使中标人让利，这也是有违法律、法规的，因为在《招投标法》及暂行规定中要求"招标人和中标人按照招标文件和中标人的投标文件订立书面合同"，而在2012年实施的《招投标实施细则》中规定"合同的标的、价款、质量、履行期限等主要条款应当与招标文件和中标人的投标文件的内容一致"。

建设方不应当以中标通知书的拖延发出来强迫第一中标候选人让利，而建设方及时发出中标通知书对自身也并无害处。中标通知书发出后，中标人放弃中标就要承担法律责任，除扣留投标保证金之外，它还要承担建设方超过投标保证金的损失部分，而建设方在中标人放弃中标后可顺次选取第二中标候选人。因此，中标通知书发出后，并未增加对方的谈判筹码，反倒在一定程度上避免了对方随意放弃中标。

三、合同谈判双方心态变化

无论是建设方或是谈判的另一方，在合同谈判阶段都具有与在招标阶段不同的心态。作为建设方，想要尽快形成合同，使中标人尽快完成准备工作、尽快开工，同时，也急于要更详细了解中标人具体满足合同各项要求的能力和实力、了解其项目管理部各成员情况、了解其于本项目管理上的指导思想及具体的计划安排。作为中标人，也希望尽快进入合同实施阶段，同时，也急于进一步了解项目具体情况和建设方项目管理人员、进一步了解项目各方面的管理特点和更详细的要求，同时，它迫切希望那些招标阶段遗留的较为重大的问题在合同谈判时能获得妥当解决。

承于招标的合同谈判，谈判破裂的可能性很小，但谈判破裂这种极端情况却是双方在谈判时的最终考量所在，因此，每一方的最终筹码都是对方因合同谈判破裂而受的损失和对方因合同签订而得的利益，也即在图3-1中对方的a、b、c值大于d值的多少。谈判破裂，双方都有损失，合同签订，双方都有利益，虽然损益之大小各自不同，但它们都是使谈判得以进行的现实基础和强固纽带。在不导致谈判破裂即不处于图3-1中双方都不合作状态下，在具体的谈判事项上各自利益并非同向，当利益较为重大且分歧达到一定程度时，一方就会采取不合作的态度，以此迫使对方退让而使自身获益。

抛开谈判具体事项所及利益而单纯从时间价值的角度看，作为中标人，及早开工将及早获得预付款并使人员、机械不再闲置，也将及早随工程进展获得工程进度款，但是，除非所用资源于项目初期即要巨大投入，因此而为项目已准备的资源闲置费用巨大，否则，谈判过程中的僵持还不足以使其心急如焚，而作为建设方，除非是在大型建设项目中有诸多不同标的、不同标段，而目前所谈工程未在整个大项目的关键路径上且其具有的时间余量仍还较大，否则，作为建设方，其必定想尽快开工，以保证项目既定的竣工时间。中标人拖延的成本即是闲置的成本，无闲置，则无成本，如它的资源本就难以按时到位，拖延反而对其有利，自然，这是在不因此面临谈判破裂风险、不对双方关系构成严重损害的前提下。对建设方而言，既然启动招标，其必定毫无拖延之利而有尽快实施之利，当这一项目为一个独立项目时，此利即是项目早日投用之利，当这一项目是整个大项目的一个部分时，此利与项目在整个大项目的总体计划中具有的时间余量成反比，因为随着时间余量的减小将使这个项目最终成为大项目总体计划中的关键项，乃至由此导致大项目整体进度延后。

以上种种成为此方或彼方的时间之利，时间之利的大小与进入合同实施阶段的提早程度成正比，而随着合同谈判时间的延长使其日益减损，直至转成为负数。当谈判双方因分歧而僵持时，分歧本身所及利益与时间之利的对比就成为谈判双方所持态度最关键的决定因素，彼此双方的时间之利也即是避免谈判拖延、僵持的共同利益基础，当争执本身所及利益与之相比甚微时，双方就必须以大局为重、长远为重而相互退让和妥协。

正如前述，一般情况下，作为投标人，也有足够的利益和意愿尽早开始，而且基于完成合同获得收入的愿望，它也会在合同谈判中采取良好合作的态度，因为谈判过程中彼此看到的不仅是相应直接利益的大小，也有双方合作的态度、意愿和信心，这也是建设项目重复博弈的特点所产生的必要要求，否则，工程还未正式开始，却因谈判的僵持使双方合作的愿望和信心丧失殆尽，如何能形成良好合作的氛围，当进入到实施阶段时，又如何能保证顺畅而高效的合作？

作为中标人，在此阶段仍处于明显弱于建设方的位置，因为它的收入只是在其后的合同实施阶段和收尾阶段累计获得的，它现在和将来都必然有诸多受建设方把控的因素。也正因此，建设方于此时增加的要求仍大多会进入合同中，但在以下两种情况下，却可能因为使其合作之利大为减少而使建设方难能如愿，一是开标后中标人获得了更多的项目信息，使它认识到项目利润与投标前预计的相比大为减少，这使谈判中所涉及的利益分量增加，乃至使其势在必得，二是建设方所提要求涉及重大利益，它突破了中标人原有底线，而相应减损的利益也已大于如前所述时间之利及获得与建设方良好合作的益处。

四、处理谈判僵持

首先，从招投标文件中寻得依据，这其中也包括招标、评标时的澄清、答疑、说明等所有具有法定效力的其他书面文件，而除非僵持的源头是招标文件本身存在的重大问题，否则，由建设方制定并放入招标文件中的关于争议问题处理原则也适用于此。

其次，拨开云雾，每一方都让另一方对自己所坚持争取的有更清楚的认识，并以自身所知、所感、所思而从对方角度向其真实阐明和说服，应是谈判中的诚信之策，也是长远之策。同时，也应当反求诸己，以对方角度审查僵持的原因，进而跳出因一己之利给自身在认识上形成的迷雾，由此从自我设定的囚徒困境中走出来。

再次，在认清确是一种在利益上的零和性冲突并切实认清所及利益大小后，仍要以更广、更远利益为根本寻求打破僵局之途径，如《双赢之道》所阐述的种种方法，先明确利益蛋糕是什么以及它的大小，其次，在招投标文件既有要求和既有承诺的基础上，以公平性和各取所需为原则进行利益分配。表面上看，建设项目谈判中常见的分歧是建设方要求的满足与建设方的付费两者间的对应关系，对此的不同认识确也是建设方与中标人之间矛盾的焦点，而除非是建设方后加的要求，否则，其根源都能追溯至在招投标阶段所产生的两类问题上，一是招标文件是否足以清楚明了、全面准确，二是投标人是否足以对要求的满足有清醒的认识，而在合同谈判阶段，此问题的解决就只能放在项目大背景下，双方各自如图3-2所示考虑、研判之，或是一方或是双方妥协、退让，僵局方得打破，就此而言，仍然有共同利益可以做大蛋糕，只是其更为隐蔽而有待双方充分的发掘和培育，一旦双方对此都有了清醒认识，问题也就更容易解决了。

五、谈判失败问题

谈判一旦失败，合同就无签订的可能，此时，如中标通知书未发出，建设方顺次取第二中标候选人作为谈判对象，而如中标通知已发出，中标人就此将放弃中标，建设方根据具体情况或取第二中标候选人作为谈判对象，或重新招标，如果其中一方提起诉讼而使双方对簿公堂，责任方就必定要承担相应的法律责任和信誉损失，而谈判破裂的原因，不外有如下两种：

第一种原因是涉及双方的重大利益，它们彼此冲突乃至彼此对立，又找不出使各方都能接受的解决方法。因所及利益重大，足以使每一方都难以退让到使对方足以接受的程度，却足以使其中一方宁愿为此承担谈判破裂的责任，即在图3-1中，双方在都不合作状态下所得之利要大于任何其他状态下可以实现的合作之利。对中标人而言，因明显可见的亏损、无法承担的责任而使此项目对其已毫无吸引力，对建设方而言，既可能是因为直接利益使其难以退让，也可能关乎程序和制度的遵守，这一点对国有企业尤显重要。重大利益之争，或是因为建设方招标时将某项重大要求遗漏或是因为招标文件中项目信息不足、信息失真，从而必然导致投标报价基础的重大缺失或严重失真，而建设方在谈判时却要求中标人自行负担这类成本。除建设方原因之外，因投标人自身原因导致投标重大遗漏和疏失也是常有之事，当它难以承担而建设方又拒绝承担时，自然走为上策，但它因此要对谈判破裂承担全责，此时，作为建设方，要注意对方可能以其他分歧为借口，通过将它变成谈判破裂的虚假缘由而将责任推给建设方，对此，建设方要大处着眼，以免陷入其设定的陷阱内。另一方面，无论是谈判双方的哪一方，合同谈判都是深入认识对方的绝佳机会，对建设方而言，在此过程中如认识到对方在管理上的严重问题，尤其是存在不诚信、文化对立等关键性问题，它就应当在审慎评估后采取果断而有效的措施减少乃至彻底消除这一巨大风险，包括不惜代价重新招标。

第二种原因是建设方在谈判中有意刁难，随意添加各类要求，迫使第一中标候选人知难而退，以使其他投标人如其所愿地中标。对此，作为第一中标候选人，关键要认识到这一情况是否仅是对方个别人的一己之私或是代表了对方整个项目管理领导层的意见。如是前者，恭敬以待却不为所动，如是后者，则要待其将所有增加的要求提出后，慎重考虑其合理性及我方无偿满足的范围和程度，慎重研判在合同实施阶段是否能够与对方建立起必要的合作关系，如果适当无偿满足以示诚意却仍不能消减对方的不良心态，虽然谈判僵持是因彼方失理，只要坚持下来，终会自行化解，但是，如果能够断定对方的这种不良心态必定会遗留至合同实施时，从而将使自身百般艰难，则此时还是以退出为上策。

第三节　不招标直接谈判

一、适用情况及与招标后谈判的差异

在工程建设领域，也常有不经招标直接进入合同谈判阶段的项目，有以下几种不同情况：

第一种是供方拥有的独有技术或独有资源，此技术、资源又为项目建设所必须，因其独有而不存在竞争者；第二种是供方与建设方之间存在的独有的关系，这又分为两类，一类是相互间已形成了长期稳定的合作关系，彼方具有其他潜在供方所不具有的优势，即双方间具有长期的信誉保证和牢固的互信，并在程序、流程上已能做到紧密衔接、顺畅运行，能够高效使用各类资源并在交界面上做到必要共享，乃至在文化上相互交融，基于此，选此供方自然要比选其他供方更有益于建设方自身，另一类是双方间或具有隶属关系或同属于一个上级组织，这迥异于市场经济下两个平等而独立的责任主体之间的关系，故不在本书论述范围内；第三种是履行以往约定，这或是与以往项目的合作有关或是与以往项目并不相关的其他因由而起；第四种是相互间独有的私人关系，这是基于建设方组织、供方组织的所有者、决策者之间的私人关系。

需要说明的是，因为目前国内大型建设项目的建设方多是国有企业，基于国家对其必要的制度约束，因此，第三种、第四种情况在大型项目中并不常见。

直接谈判与招标后的谈判具有两种完全不同的谈判基础和谈判条件，因此，谈判策略、目的、思路、方法都各不一样。经招标而后谈判，除非如前所述遇有由建

设方承担责任的重大问题，否则，建设方与另一方的义务和权利都已在招标文件及招标澄清中充分明确，谈判的空间、自由裁量的范围大为缩减，而作为与建设方相对的中标人，对于任何较为重大的分歧，有时又会面临或是全盘放弃或是忍痛退让的窘境中。直接谈判，当供方拥有独有技术或资源时，它是先被选定而后再谈判的，因此就有了较大的谈判优势，在其他情况下，虽然常是先谈后定，但潜在承包商也会因此得以全盘、整体考量，无招投标阶段承接下来的任何约束，而是以一个完全与建设方对等的角色来进行谈判的，就此而言，这才是真正的谈判。

二、建设项目谈判的几项原则

不同于其他买卖活动，建设项目买卖的主体并非成品，而是建设项目本身，独特性和一次性以及时间和费用的约束性是其根本特征，由此形成了建设项目谈判的几项原则。

1. 确立谈判的互利基础

谈判源于不一致，谈判的基础则是存在一致的可能。就经济活动而言，不一致就是决策者所感知到的利益上的不一致，而一致就是互惠互利，谈判就是将这种互利的可能转变为现实并在此之上争得自身利益的过程，没有互利的可能就没有谈判的必要，没有互利的实现就没有谈判的成功。从博弈论的角度看，谈判就是使彼此认识到合作互利所在，从而走出囚徒困境，进而达到稳定合作状态的过程。

建设项目互利的基础是项目本身，作为建设方，因项目投用并使其发挥应有作用而受益，作为承包商等，因建设方的项目需求而承揽或管理工程，因而得以受项目之益。一旦双方形成合同关系，基于合作关系而得到的时间上的保证、质量上的满足以及工程成本上的节约，都应当使双方受益。作为建设方，于每一项谈判中都应牢牢把握这一基础，以系统的观点、整体的考量确保实现以自身最终受益为目的的利益共享。就建设方对承包商而言，如不以自己的更多付出而使自己所得更多，自然更好，但市场经济的充分发展使这种愿望在通常情况下难能实现，贪图那低于市场正常价格范围内的廉价最终会得到的或是更高的成本或是更长的工期或是低劣的质量，建设方如果没有认识到这一点，拘于一事一物之争，而使互利基础被弃一旁，或许能够赢得一场谈判，但却会输掉整个项目。项目之利自然是由建设方直接享有，但唯有建设方经过精心设计、严格实施进而通过使承包商等供方受益才能尽可能地扩大项目之利，因此，互利的主导者只能是建设方，而作为建设方，必须紧紧围绕着互利的基础进行合同策划和合同谈判。

2. 明确目标，准备充分

明确目标，即要明确我所想要，也要知悉对方所想要，唯此方能知悉互利及分歧所在，否则，知己不知彼或顾己不顾彼，必定使谈判难以进行。无论是建设方或是承包商等，这目标首先就是项目的共同目标，也即项目总目标。确立自己的项目目标是建设方于项目之始即要完成的重要之事，其后，它必须让这个目标通过强大的互利纽带落在每一个合同中，从而使其成为所有参与方共有的、具有足够强的内在推动力的项目总目标，在满足此目标的基础之上，则是各自不同的具体目标。

准备充分，对每一方来说，都是对互利方面、在利益上的相异或对立方面的充分认识以及对如何通过第一方面而实现第二方面利益的各类途径和方法的充分了解和掌握，而首先要做的是收集、核实、分析彼此双方与谈判相关的各类信息，信息收集的广度、深度、准确性、信息分析的透彻程度既要满足维护或争取自身利益的需要，也要能够就此对谈判的互利方面有足够深入的认识。准备充分，也是指对谈判策略的慎重制定和对己方谈判人员的慎重选定，不同的谈判，有不同的对象、内容和过程，要选定适于达成我之意愿的谈判人员及相应的谈判风格、方法、步骤，而如果是一个谈判团队，则要注意在谈判前进行必要的磨合和演练。

3. 深化互利，实利为重

在互利和自利方面，存在两种迥然不同的情况，一种情况是彼此双方因利益的分歧、冲突而遮蔽了互利，形成了零和博弈下的冲突，另一种情况是彼此双方努力深化和拓展互利的深度和广度，从而使冲突限定在合作互利的框架之下，就此可用图3-3表示。

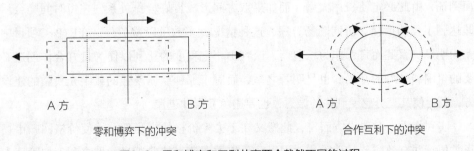

图3-3　零和博弈和互利共赢两个截然不同的过程

　　从图中可以见得，我们应当通过机制设计和严格的实施而将各自获得更多利益的努力与互利的深化和拓展相融合，从而使得每一方在自己增加获利的同时使得另一方的利益也获得增加。为使这互利的基础牢固，每一方都应当充分挖掘谈判所及事项的互利之处，并经翔实的阐述和说服使对方相信这互利之道，由此深化和拓展互利，在此之上，每一方也都会以自身利益为重而为自己争得尽可能多的利益，自然，这种利益是现时和长远、直接与间接融合而成的。或许正是因为这一原则的两面性，使谈判的每一方都不会轻易相信对方所提的互利之说，而谈判的精髓却正在于以不欺骗的方式让对方相信我所确信的互利并以互利换得我之最多利益，前者产生合作，后者产生冲突，谈判的过程就是将两者相融。另外，谈判中至关重要的情绪稳定性实质上也与践行实利为重的原则息息相关，情绪稳定性差的人，在谈判中容易被对方老练的情绪诱导所弄，使自己迷失目标、理性失据、感性偏失，进而单凭彼时的感觉和情绪轻易同意、承诺或轻易否定、回绝，若此，自然失利无疑。

　　无论是建设方或是承包商等，都要深化、拓展互利的基础，并要充分转化成我之实利。

　　实利，对承包商而言，建设方给付的价格自然是实利的根本，但同时还必须充分考虑到时间、质量、费用三者间紧密、复杂而客观的关系，时间的限定、质量的不同要求最终也将体现在费用上，要争得三者间足以适配的目标，它们也莫不是实利。在此，必须以长远之利为重，当工期之短而难以实现时，当工期之长使各类资源长期占用而对自身战略构成不良影响时，当建设方意欲以低于标准和规范的质量要求换得项目投资的大幅减少时，当建设方质量要求之高超过你可动用的资源、可达到的技术及管理水准时，对此，即使面对高额利润的诱惑，明智的领导者都应拒绝接受。实利为重，还需要对过程之利予以足够重视，即因过程管理中的衔接和协调是否顺畅和高效而使费用迥异，人机时而超负荷使用时而闲置不用即是典型的反面例证，由此必定使费用大增，而如果双方间形成良好合作关系，在短时间磨合后即达到工程的衔接、协调顺畅有序，这种情况就多数可以避免，这在E+P+C项目中尤为明显。就此而言，作为承包商，谈判中一定程度的让利以便为良好合作创造必要的氛围和较好的开局，也是明智之举，而对于那种欺弱凌强的或眼光狭隘的建设方，既要使其充分感受到你的诚意，也要避免其得寸进尺。

　　实利为重，对建设方而言，此意义在于去除价格的虚高部分，使价格回归市场正常值，并有效防范和消除或对方以非价格方式获得的非正当隐性之利，如管理人员配备不足、作业人员技能不足，如交付物质量不满足要求，如在安全及文明施工管理上偷工减料，除此，在实利上还有时间等方面的因素，此前已在第一章第二节作了叙述。

4. 换位感思，有效说服

目标得以明确，又认识到可以深化、拓展的互利区域，其后就需要有效说服对方了，而换位感知、换位思考无疑是有效说服的基本前提。劝说所用CREEK法中的其他四项：R——论据、E——感情、K——信任及声誉、C——共同利益莫不是以对方对之能有所知、能有所思、能有所感为前提的，以对方的角度思考、感知你的论据是否坚实可靠，你的诚信、信誉是否足以使他相信你的所言，从而调整用于说服对方的策略和内容，使自己真实的内容具有让对方信服的外在形式，这自然就更易于说服对方了。

其实，在深化互利所需的认识过程中，换位感思必不可少，甚至有更为重要的意义，因为这正是认识对方利益所在的主要方法，而在说服对方过程中的换位思考则将使这种认识及因此产生的互利行动予以充分表达。双方互利之事，以能够让对方信服的方式和内容使之相信利其自身；非互利之事，在不欺骗原则下，使对方认识到按我意而行的现实必要性、认识到不如此其利必受更大的损失。无论是建设方或是承包商等，都可以如此方法而行，自然因双方所处位置的不同，建设方在此应当扮演着主动者的角色。

5. 基于公平，出于自愿

双方都认为谈判获得成功、都能自愿履行是作为判定谈判成功的基准之一，而具有基本的公平是达到这一点的必要条件，自然，这是指每个谈判者能正确感知到的公平。出于自愿在此则是指每一方都是在没有对方外在逼迫的情况下完成谈判全过程，而谈判中彼此双方不存在欺骗即是实现真实公平的前提，也是确保自愿立于真实之上的前提。

在建设项目的谈判中，除非对方是有独此一家的技术或资源，否则，建设方具有优势地位，它借此在谈判中获得适度的过盈利益本也可理解，但这不能对项目本身产生不良作用，也不能因而使承包商陷入亏损状态，即使可能因为存在信息不对称等原因而使对方在项目收尾前并未觉察，但建设方自身也要严守此限。作为建设方，通过过程管理一步步接近并达到质量、进度等终点性目标，并以过程管理累积过程成果、实现安全、文明施工等过程性目标，因此，建设方对过程管理必然有诸多要求，它们同结果性要求一样必须在谈判时乃至在谈判前齐全、讲透，并向对方充分显示对其落实、满足的坚定态度，以杜绝对方先承诺后观察待定的侥幸心理，以此种角度来看，作为建设方，最大的公平就是"实情相告、要求明确"。

对于技术或资源独此一家的供方，它相对于建设方具有优势地位，它借此获得丰厚利润也属正常，但不能因此让建设方生出难以消解的不良印象，否则，就是自造敌人，同时，作为独有供方，也应做到实情不隐，对因自身问题使建设方面临的不利风险不应隐瞒。作为建设方对于并非独此一家的供方具有优势地位，但也不能因此无度要求和过度压价，至少不能让对方因已而生的不良感受强烈到难以消解，也不能让这不良感受经散播造成普遍的不良情绪和不良认知，若真如此，必定损害双方的合作，也必定损害谈判所定事项的实施和执行。

三、几种情况下的谈判对策

第一种，独有技术或独有资源。作为建设方，首先要做的是对同类市场供需状况进行深入全面的了解，尽所能地寻找能够替代的解决方案、可以替代的技术或资源，这也即是将这独有性去虚存实的过程，即使这一供方的解决方案技术最优、效果最佳，即使已意定此家，仍然需要与其他方案全面比较，对各自优劣全面认识、透彻了解，以能在谈判过程中给对方足够的心理压力，并避免对方因为具有的信息优势、因为已知我方既定而过度索利。这类谈判应当在项目仍处于不必然使用此技术或此资源的早期阶段进行，否则，就是将整个项目与之绑在一起拱手送给对方作为它与你谈判的筹码。就互利而言，作为独有供方，它在维护独有地位的同时，也应当具备长远眼光，进而主动与建设方建立互利关系，因为谁具有优势地位，谁就应是互利的引领者、倡导者和挖潜者。

第二种是供方与建设方间独有的组织关系。就其中第一类即相互间形成了长期稳定的合作关系而言，因为这实现了效率的提高、资源的共享以及项目的接续，由此节约了大量成本，在同等的质量、同等的工期下，这可使承包商以更低的成本完成项目，这就是双方的互利所在。此时，双方所要避免的是以关系损害利益，否则，将会导致合作关系受损，乃至使合作关系再难维持长久，这就需要双方仍要谨守实利为重这一原则。为此，对合作所得无论是直接之利或是间接之利都要尽可能量化，并尽可能准确测定，这实际上也就是低于正常成本之多少，并经谈判确定各自分享多寡，给付的价格由此同步确定。

第三种是履行以往约定，或类似于招标后的谈判或介于招标后的谈判与第二种第一类情况之间，因此不再赘述。

第四种是相互间独有的私人关系，在此情况下，最高层间良好的私人关系成为双方间在项目上良好合作的基础，对此，务必要避免洛克菲勒所说的这种建立在友谊之上的利益关系的脆弱性。为此，在合同谈判阶段，无论是建设方或是供方，都仍要以实利为重的态度谈判，避免将私人关系与双方利益混淆，并将这私人关系的使用仅限于最高层间就极少数关键的、重大的分歧所进行的相互沟通，否则，谈判时气氛融融混成一体而草草结束，各自权利、义务多有不明，执行时必定生出诸多无法分辨清楚的利益分歧，彼此双方都认为自己优待了对方、对方亏欠了自己，结果必定使私人关系受到破坏，乃至不欢而散。正如俗语所说"亲兄弟，明算账"，凡事在谈判阶段即要谈清楚，应争而必争，直至最后最高层间以之为据而相互沟通清楚。

第四节　案例

【案例3-1】新工艺的独家委托

案例描述：

在北方某个大型化工项目，是以其中一个装置的新工艺为核心技术，这一专利技术由石化行业一家知名工程公司拥有大部分的知识产权，此技术在此之前只是在中试项目上获得成功，从未在大规模生产中采用。作为颇具开拓精神的建设方，冒着失败风险，拟投入巨资以将此技术投入应用，并希望能拥有部分专利权。作为专利商，基于合理的风险规避，与建设方商定采用EPCM合同模式，即负责设计、采购及项目管理，如果这一专利技术在这一项目上失败，对它的直接损失甚小。当时也没有其他企业投资此类项目，即需求方仅此一家，而就供方而言，当时中试成功的同类技术并非独此一家，自然，与其他同类技术相比，所用的这一专利技术具有一定优势，作为拥有此项技术的这一工程公司，有着尽快投入工业化生产的急迫性和必要性。基于以上，作为建设方，本具有取得部分专利权的便利条件和优势地位，但在就专利权问题进行正式谈判之前，整个项目的工艺路线已完全确定，其他主要装置的EPC承包商招标也基本完成，而按此工艺路线已无法再采用其他技术。精明专利商此时明确表示此专利权不能与建设方分享，建设方无奈只能放弃此意愿。

因为这一专利商也具有监理企业资质，建设方希望它在承接EPCM任务的同时，也一并承担监理义务。因为EPCM的工作范围实质上完全可以覆盖监理的工作范围，因此，这对专利商来说，近乎无成本付出，但它却提出额外增加300万元监理费的要求，双方在此问题上为此僵持了一段时间，最终，建设方不得不另委托其他监理公司承担监理任务，自然，监理费用也并不低于300万元。

案例分析：

在此案例中，总体来看，建设方尽快开始项目的急切心情为专利商充分利用，前者由此在耐力的角力上显然不敌后者，并被专利商先做后谈的策略所套，进而在就专利技术分享进行正式谈判时大局已定，此时，作为这一专利商，它已处于不战而屈人之兵的绝对优势地位，而作为建设方，它已无法承受合同谈判破裂、对方撤出的巨大损失，这种损失反过来却是对方谈判的巨大资本，建设方现时既有的谈判资本尽失而仅剩将来合作之利这一筹码了。此时两者关系状态恰如表3-1中的状态8所示，即无论对方合作与否、是否同意专利权分享和免费监理，对建设方来说，与之合作之利都远远大于不合作之利。对专利商来说，在建设方不合作状态下，即在建设方坚持要求专利权分享和免费监理，否则就不再用此专利的情况下，它合作所得也远大于它不合作所得，即它同意建设方要求比它不同意而导致谈判失败所得益处要大得多，但此时建设方却只有合作一条路可走，对此，专利商不合作之利明显大于合作之利，专利商因此就寸步不让了。

我们不妨假设这一项目在基础设计开始前，即与专利商就专利分享乃至专利费、设计费、EPCM管理费、监理费进行了正式谈判，并形成具有法律效力的备忘录、协议书，最终结局势必大不一样。因为此时，如果专利商采取不合作态度，坚持不分享、坚持不让利，如其不然将退出此项目，而建设方也采取不合作态度，坚决要求分享、让利，如其不然将转而准备采用其他专利商技术，则势必谈判破裂，双方不会合作，虽然建设方得小失大，但这一专利商也错失了少有的机会，双方关系处于 $a_1 < c_1$、$b_1 > d_1$ 但 $a_2 < b_2$、$c_2 > d_2$ 状态下，如表3-1中的第6种情况，双方谈判处于不定状态。此时，就看双方在对方合作或不合作两种态度下，己方采取不合作态度比采取合作态度得失大小，即 c_1-a_1 与 b_1-d_1 相比、b_2-a_2 与 c_2-d_2 相比之大小。当 b_1-d_1 远大于 c_1-a_1 时，无疑此方具有完全的理由希望尽快结束谈判的不定状态，而与此同时，如果 c_2-d_2 也远大于 b_2-a_2，则另一方也有同样的急切心情。此时，差值越小的一方，就越具有主动权，因为它可以等，乃至它可以冒着两败俱伤的风险而让对方先拿出合作的态度，自己这方则得不合作之利。自然，这种分析将复杂的现实绝对化了，因为在完全合作和完全不合作之间存在着多种折中、妥协的方案和方式。

由此观之，作为建设方，即使此专利技术优于其他方的技术，但如在项目启动之初即与对方正式谈判，自身有的筹码必然与对方接近，因此也不无可能获得至为关键的专利权，而在确定合同模式之时，也未尝不可能获得免费监理的正式承诺。

【案例3-2】全厂绿化工程的招标和合同谈判

案例描述：

在南方一大型工业项目下的生产区域绿化工程招标中，确定采用最低价评标法。鉴于现场情况的特殊性，原招标文件初稿中有"因现场情况特殊，并且与实施成本紧密相关，强烈建议投标人参加现场踏勘"内容，后经审查后改为"鉴于现场情况对实施成本的重要性，建议投标人参加现场踏勘"。针对还未明确的喷灌系统，建设方提供了一个粗略方案，同时说明此仅为最低要求，最终以保证养护期成活率为根本进行深化设计，此项费用含于报价中。

购买标书的计有5家，而来现场踏勘的则仅有1家。待开标时，现场踏勘那家报价居中，最低报价为890万元，与次低价相差60万元，而报次低价的投标人为原已在项目上有施工任务的承包商，其所有临设及管理人员都已存在。评标委员会议定，如投标文件在废标项上没有问题，则直接取最低报价者为第一中标候选人。虽然当时也有一位清标人员，但仅是对各方报价构成进行比对、核对有无漏项，而在确认无漏项后，大小比对的结果就没有对评标过程产生任何影响。在主持投标的招投标公司将草草完成的评委意见汇总并据此排名后，宣布评标结束。其后在进行合同谈判时，针对换填土厚度产生严重分歧，而对于招标文件中"余土外运3km"条款，此投标人承认在组价时将其误解成换填土的运输距离，而现场所需换填土实际运距远大于此，此外，又发现将本由建设方免费提供的养护期用水按付费而计入报价中（建设方提供的是经污水厂处理过的、可用于绿化的初级再生水）。换填土厚度，招标文件中要求"最少200mm，且要满足相应规范要求"，建设方依据规范要求种草区域种植土厚度必须达到300mm，对方则认为200mm即符合要求，但最终同意按300mm实施，合同由此开始小签，建设方发出中标通知书。此时，此投标人突然拿出喷灌系统深化图要建设方确认，并提出走合同变更，建设方自然不能同意，双方的分歧无法调和，合同签批就此停止，在经过数天的僵持后，建设方鉴于多种内外不利因素，最终同意就喷灌系统按变更处理。

案例分析：

此招标问题的症结在于对最低价评标法把握失当。低价中标，即使不考虑低于成本价的危害，也并非单纯取最低价，而是要对其价格构成进行足够分析。即要检查取费是否该取都取、费率是否正确、合适，也要检查是否有漏项、是否在测算上有严重的失误，这些问题通过对各投标人价格构成的比对很容易查得清楚，而对其中起决定作用的价格异常项，如换填土的方量及换填土单价、喷灌系统中的各项工程量，作为评委，就必须要求投标人讲清楚，同时，商务分析也应当与技术标内容对照，从而将技术标和商务标两部分内容的审查统一起来。即使是以最低价为评标办法，技术标也不仅仅起到一个合格门槛的作用，它还具有与商务标相互核验的作用，两者不相一致，就揭露出投标文件内容上的错误，由此避免简单地以最低报价取之。对报价构成的错误或失误，或修正投标报价或由投标人自行消化，在后一情况下，以不明显为亏作前提，而对像本案例中所示的低价是因为投标人的"理解"与建设方要求完全不符的情况，在向投标人讲明后，再由投标人书面承诺，以上这些处置原则、方法须放入招标文件。

因为对报价组成的漠视，使得这一报价低于成本的投标人中标。往前追溯，虽然建设方意识到现场情况的特殊性，并在招标文件中强调了现场踏勘的重要性，但它的强度和明确性或许不足以引起投标人的重视，因此来踏勘的仅有一家。试想如果这个中标人参加了现场踏勘，必定不会在换填土的运距和厚度要求上产生误解，也不会按常规思路认为养护期水费由自家承担，虽然这些要求或事项在招标文件中都已明确，但经现场踏勘时建设方的交底，必定能避免投标人的重大错误和重大失误。

当这一最低价的投标人在合同谈判时知晓了足以导致它亏损的报价错误或失误后，想必在其内部经过精细的权衡后，意图索取喷灌系统的变更增量，以减轻亏损。由此于中标通知书发出后、合同正式签订前提出变更建议，好在建设方最终同意了。鉴于中标通知书已发出，如果建设方拒绝中标人关于合同变更的要求而导致谈判破裂、中标人放弃中标，这一责任要由中标人完全承担，建设方仍可选取第二中标候选人，而两者的差价应由前一中标人承担。或许囿于内部如铁的纪律般的、整齐划一的最低价原则，或许囿于内部制度规定的繁琐，或许鉴于对超过投标保证金的差价部分索赔无望，在中标通知书发出后，建设方本身具有的谈判优势在现实中或许并不存在，非但如此，反具有了一定劣势。

【案例3-3】厂外供电工程中承包商的协调职责

案例描述：

在南方一个大型工业项目下的厂外供电工程EPC招标中，建设方依据在项目装置同类安装工程量所估算的完成时间，加上一定的风险应对裕量，确定了半年的工期目标，并作为招标文件中的工期要求。同时，招标文件明确除建设方有义务将永久用地的征地费及时支付外，其他所有与当地的协调都在承包商义务范围之内。当时所经线路虽在开发区道路一侧，并且规划为绿化带，但在现场踏勘时，因是丘陵原貌而远不能满足输电线路与地面安全距离的要求，需要大规模撒土。

在合同实施时，虽然此承包商在设计及采购进度上基本没有延误，但在对外协调上却与建设方纠缠不断。虽建设方依据与当地政府所签协议事前已将相关费用足额支付给当地政府，但承包商难以接受协调义务完全归于自身的合同要求，它在以往工程中没有如此的，而在行业内将协调义务完全归于承包商的也并不多见，且其报价中也未含此项费用。在第一次遇到当地村民阻挠并使相应施工停滞一段时间后，双方共同与村民谈定额外补偿款，并约定双方按一定比例分摊。在第二次遇到当地村民阻挠时，双方共同协调，建设方通过当地政府做村民工作，并与承包商一道利用施工队伍的当地关系从中协调后，谈定额外补偿款，此款虽约定先由承包商支付后进入结算之内，但最后是由建设方直接支付的。除村民阻挠外，因为此项目投产后将用国电而非地电，当地地方电力公司也多次阻挠，还有当地公务人员的无端生事以及开发区道路施工方不予配合等，诸凡种种问题，最终仍多是由建设方主导，与承包商共同协调解决。在最后的系统接入送电环节，此承包商则充分发挥了自身优势，积极与国电省公司沟通，建设方参与其中，最终完成此工程。

针对线路下土方清运问题，也是双方在线路施工初期产生严重分歧的事项。承包商以作为招标文件附件的规划图为据，坚持认为应属于建设方义务，报价中也不含有此量，自然，此图是由开发区规划局提供的"最终成型版"。建设方则以现场踏勘时即已交代清楚为据，并说有纪要为证，但因时间已久，纪要未曾拿出。最终，鉴于没有实据及此工程在整个项目中的重要意义，建设方决定将此费用承担下来。

案例分析：

常规来说，对外协调是建设方应承担的义务。在对长输供电工程基本茫然无知的状况下，建设方意欲通过招标文件和合同的约定，而将此推给熟知行业建设的承包商，确也有它的理性考量在内，但另一方面，这相应的费用根本无法准确预计，据说在当地以往的输电线路施工中，当地村民曾"创造"过一个塔基索得50万元的记录。这么巨大的成本风险是在招投标时无法预测的，也难以据此制定出具体的应对方法，如将这风险全部推给承包商，显然对方是难以接受的，而如果此协调义务真要归于承包商一方，则必须在招标文件商务要求上也将此明确，即必须据此报价，以作为报价的必要组成，否则，或说明了建设方在招标中技术与商务两方面的严重脱节，或说明了建设方想"少花钱，多办事"，即意由承包商免费承担此义务。

即使据此报价，因这部分费用上下限间巨大的不确定空间，或是建设方给承包商的这部分费用远高于实际花费，或是承包商要承担远高于报价的实际费用，若此，此项费用只能先由建设方定价，再据实结算，而这又与建设方直接负责无疑。

针对巨量土方清运问题，建设方的主要问题在于招标文件与现场踏勘交底的不一致。招标文件既然附有道路两侧的终版地形图，除非招标文件对此明确说明现场未撤土方由承包商负责清运，否则，其意本就在于不仅以此作为设计依据，也以此作为报价依据。如果踏勘时明确了由承包商清理，因涉及大额费用，必须以招标澄清方式发至所有投标人那里。即使是由参加者签字的纪要，除非所有投标人都参加了，否则，不能作为责任界定的依据，而纪要这种形式其实也与招标所要求的正式澄清文件有异，即使是所有投标人都签字的纪要，如果不将其正式交给招标评委，这一要求也不会作为评标的依据，合同实施时的纠纷一样难免。现在事后猜测，当时在确定招标文件内容时，建设方也可能原以为道路两侧土方将在本工程结束前由开发区政府清理完毕。真若如此，建设方就存在与当地政府如何约定的问题，如因没有明确约定，建设方只能在招标文件中不提此事，在此情况下，建设方就应本着诚实以待的态度主动承担此项费用，在现实中，双方分歧显露后不久，建设方即表示由其承担此项费用，或许也正因如此。针对政府所做，建设方要向它索取土方清理完成时间的正式文件，并应当在招标文件中明确告知这一时间，而作为投标人，针对现场条件不具备而建设方又没有给出明确的时间，就应当要求建设方对此澄清答疑。如政府在开标前给出的最新时间无法满足本工程进展需要而只能由建设方清理时，则一方面建设方要与政府就此项费用谈判，另一方面如前所述，在招标澄清中明确由承包商负责。

就这一合同工期而言，因为它未考虑长输供电线路施工的特殊性，自然不切实际。如果设定此工期意在以此提高承包商工期的紧迫感，则因为此类工程工期的最重要因素是承包商难以控制难以决定的那些外在条件，更兼有合同中义务与利益的不相一致，工期目标的紧迫感本就已大为损减，而此工期又明显不符合实际，自然就没有什么意义了。此工程最后推延九个月后完工，虽然如此，此工期也属于同类同规模项目的正常工期。

合同实施阶段

第四章

第一节　实施阶段管理关系特征

一、过程管理和结果控制结合

过程管理是建设项目管理所具有的典型特征，无论是监理方、项目管理方或是建设方本身，过程管理都应当成为它们日常管理中重要的方法，同时，结果控制作为一种基本的管理方法，在项目管理上也应发挥其可发挥的一切作用，尽可能地以结果控制促使承包商、供应商积极主动地强化自我管理和内部过程管控。因此，过程管理和结果控制在项目管理中结合使用，两者的力度和程度依管理方面的不同、事项类型的不同各不相同，确立两者力度和程度的依据是监管方能以何种手段、在多大程度上通过对结果的核查和奖罚使承包商、供应商加强自我管控直至确保实现合同目标、满足合同要求，而这又取决于以下几项条件：

1. 结果责任的完整性和清晰程度

或是明确无疑地完全属于承包商等责任范围之内，或是能够简单、明确地判定那些应由建设方承担责任的事项对结果造成的影响。如其不然，作为承包商等，在其内部，下级必定会以建设方责任掩盖自身管理上的问题，而其对外，也必定会搅浑对事实的认知和判定，以能够推卸自身责任，就此，作为建设方，除非有足够的力量进行过程监控、证据收集和对责任的清楚界定，否则，将难以就不良结果追究承包商责任，而这些做法本身即属于过程管理。除此，还有另一种责任的完整性和清晰度问题，即质量问题显露的时间，当显示的时间较为滞后时，就不能在结果形成不久即能够完整、清晰地判定责任，而在问题显露之后，或已责任难明或已责任难究或已使承包商的声誉损失化至甚小。

2. 结果标准的明确性和层次性

此即建设方对结果要求明确，并对结果是否满足要求具有明确的检验标准，而这一标准依满足要求的程度而有不同的等级和层次，唯此，对结果的判定方能避免非成即败的绝对状态、方能形成奖罚的阶梯性、方能避免刺激承包商等加重赌徒心理并减弱内部强化过程管理的动力。

3. 合同内的奖罚约定

这种约定与责任的界定、结果的验收相应，且要明确又严格，而奖罚之重兼有建设方严格执行的形象和声誉当使对方足够警惕，从而确保对方自觉地投入足够多的资源、自觉地改进内部的过程管理。

4. 供方的实力保证

此即承包商等要有足以保证项目产品符合建设方要求的实力，实力不仅是就某个承包商等总体而言，更意指具体在这一合同实施期间其现有实力能保证有足够的资源可用、有足够强的管理力度和足够高的管理水准。这个实力本应是理所应当具备的，也是此前所进行的招标、谈判的基本目的所在，但在现实中，这个实力却未必有保障，而且它常与建设方的管控程度有一定关联，管控程度越高，供方的保证能力就越强。

5. 供方对建设方的认知

此即某个具体供方的总部及其项目领导层对建设方的认知。这种认知主要是指建设方在合同方面的严肃性和执行力，而这又基于两方面，一是建设方自身对合同义务的履行，二是建设方按合同约定对承包商的奖罚。

作为建设方，必须以一贯的言行给对方以严肃对待、严格执行合同的认知印象，一方面不折不扣地履行自身义务，另一方面严格监督对方履行义务，并根据合同约定对合同另一方当奖则奖、当罚则罚，奖之再重，也慨然奖之，罚之再重，也断然罚之，由此促使其他各参建方都能认真对待合同，主动满足合同要求。而如果建设方不履行自身义务，对方就会以同样态度回之，各自义务和权利在现实中将变得模糊不清乃至搅成一团。也有另一种情况，建设方积极履行义务，但对对方义务不履行不严格追究，这或是因合同条款过于不合理或是因建设方管理者在认识上存在问题或是因建设方管理者以此谋取私利，但无论哪种原因，结果都相近，即合同权威、合同执行力的迅速削减，其中最严重的是对合同的合谋破坏，这如同裂变一般，一个破坏行为必然产生多个同性质的行为，合同的权威性力量就此崩摧。

中国的承包商为什么在国外项目上都能严守合同，概莫不是因为它的建设方少有不严格按合同行事的。良好的印象和声誉难立易破，如果建设方具有连续不断的同类项目，则以往项目一贯的表现在建立良好印象、树立良好声誉上更为关键，而在现有项目上，则要全力维持之而不可懈怠，否则，就有可能导致合同执行力的坍塌，若此，建设方也就必然陷入过程管理的泥潭中。

6. 建设方可承受程度

当只采用结果控制时，建设方对由此产生的不良结果所能够承受的程度。这实质上是个风险管理的问题，这个可承受程度即取决于产生不良结果的概率，同时也取决于风险影响的大小，这个概率是由前面数项所决定，风险影响大小也即是不良结果给建设方造成的损失大小，这个损失越大，建设方就越需要过程监管，它们共同决定了建设方所需要的过程监管程度。

除非是以上各条件都能满足的管理方面或某类事项，否则，作为建设方，必须要过程监管、结果管控两种手段并用，并将两者有机结合，唯此方能确保项目产品符合我之要求。自然，在过程监管中，除非情况特殊，否则，仍要在自身权力边界内行事，以免责任难明，同时，即使全部满足以上条件，即使结果管理本身也是项目建设过程中的行为，只是它具有间歇性和时间截点性质即定期或阶段性地核验结果并依合同约定处理，作为建设方，仍不能在过程中两耳不闻，这即是因为风险问题，也是因为有过程警示的必要，只是此时过程监管的深度、广度远不及两者并用之时。

二、要求的可行性限定了落实

这个要求自然是合同的要求，其中，最为重要的就是项目目标。如果项目目标本就不切实际，自然难以落实，更无望实现，又因为项目目标是合同中的核心要求，合同的普遍效力和权威性由此严重受损，合同中的其他管理要求也就随之变得软弱无力，因为对项目目标所持有的态度代表了作风的标向、代表了一种含有文化内涵的行为方式，并以此昭示于人，各供方由此得以窥视建设方的管理特质。在此种不良状态下，建设方唯有步步紧盯、大力敦促，方能使管理上的其他要求得以有效执行。

要求的可行性并不必然导致要求的落实和满足，但它却完全决定了要求实现的可能性。

三、与以往不同的博弈特点

此阶段的博弈不同于招投标阶段，后者的博弈以单一的顺次往复为主，即先是建设方预测潜在投标人的应对策略，由此确定招标策略和招标文件内容，其后是投标人通过对竞争对手投标策略和评委评标的预测确定自身投标策略和投标文件内容，而评标实质上是前两步的延续和现实转化。此阶段的博弈也不同于谈判阶段，后者的博弈是以彼此的双向往复为主的，谈判双方于谈判前常是将自身目的与对对方目的和策略的预测相结合而确定自己的谈判策略，而在谈判的往来交锋中，彼此双方又同时依据对方的外在表现判定其真实意图，由此调整自己的对策。合同实施阶段，一方面，博弈更为频繁、密集，几乎每天都上演着博弈之戏，而它们各自历时也长短不一，短则转瞬即过，长则贯穿项目全程，另一方面，这阶段的博弈也千姿百态，就大小而言，或大至足以影响到项目目标的实现，或小至某份资料的审批，就主角而言，或仅限于两方之间，或几方间复杂地交错在一起，如建设方、监理方、承包商、供应商几方间就某个复杂而重大问题的解决于相互间进行的博弈。

四、各方对相互关系的不同心态和意识

在此阶段，各方对相互关系的心态、意识和认识也会随着合同实施的不同过程而呈现不同的情况。按时间顺序，可将此阶段的相互关系划分为启动期、磨合期、稳定期、收尾期，如图4-1所示。

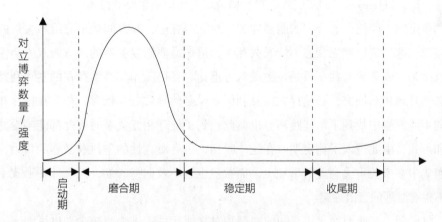

图4-1　合同实施阶段四个时期

启动期，可称之为蜜月期，建设方怀着良好合作的愿望和做好项目的信心，将项目具体特点、各项目标、管理诸要求以前景展示的方式向对方做进一步交底，而建设方对对方的认知也常会超乎现实，对其满足项目的各项要求及双方的良好合作满怀信心，而对方的恭顺态度对此也起到了正面促进作用。此时，相应的另一方，除非事关费用，否则，对建设方的诸要求必定频频点头称是且满口保证，这或是"真情实意"，真心想通过此项目提升自身管理，并且也对相互良好的合作充满信心，或是"心怀鬼胎"，即以择而听之的态度相待，但出于构建相互良好关系的考虑而不将此显露，而在不完全信息状态下由此给建设方的良好第一印象也必然有助于良性互动的形成。另一方面，作为承包商等，它必然也会对项目有着美好的设想和计划，对建设方多数的具体要求也必定会表现出积极响应的态度，并予积极落实，而对因为满足建设方的要求给自身造成的问题，或自行消化，或与建设方沟通，对确是难

以满足且又沟通无果的要求，双方常会将其暂时搁置，而当这类问题再无法自行消解、搁置的问题也再无法回避、无法拖延的时候，此时即告结束。

磨合期，这有如《谈判与冲突管理》一书中的激烈阶段，这也可称为对立阶段。随着项目各项工作的开展、各类事项的快速增加，作为建设方，很快认识到对方很难"尽如人意"，对方对建设方要求的真实态度、对方管理上的诸多问题此时也在建设方面前暴露无遗，就此，建设方对承包商等也由好言以待转为声色俱厉，而承包商此时也进一步认识到建设方对其要求的无度。此时，彼此双方都认清了对方，相互也就不再是两情相悦了。自然，通常状态下，在此期间，承包商等是以无视无听的方式消极抵抗，但相互间的角力、争斗是不争的事实，而在此过程中，各方也在相互窥伺，以探得对方的实底和底线、摸清对方惯用的策略和战术。

稳定期，即使在磨合期的激烈冲突、对立博弈中，双方间仍都有维系关系的必然需要，这决定了对立状态不能长久存在，迫切需要修复关系的一方或双方会主动寻求缓和，或是寻得共赢或是一方或双方退让、妥协。相互必然存在的零和利益因素必然导致相互冲突，必然存在的互利因素又必然导致相互依存，相互在排斥和接近的不断调整中找到了最佳距离，也就此找到了处理相互关系时彼此都能接受的方式和形式，由此进入了稳定期。在这一时期，也有对立性的争执和激烈的角力，但它们集中在事关重大利益的事项上，而数量也远不及前一时期，而在外在形式上，也不再有激烈的言语冲突。

收尾期，在此期间，相互间的冲突和对立博弈可能进一步减少，也可能进一步增强，但在通常情况下变化幅度都不会太大。一方面，随着结算工作的开始，建设方制约承包商等的能力就此增强，而承包商的工作都转化成日趋完成的项目产品，承包商制约建设方的能力就此减弱，另一方面，项目产品仍在承包商手中，而项目越接近完成，建设方项目管理者所面临的尽快接收投用的内外压力越大，如果承包商没有因自身责任而导致工期延误，则它的拖延成本较小，而建设方因为拖延使利益流失的问题更为凸显，这莫不是承包商可以制约建设方之处。在历经以上的三个时期后，相互间早已形成的往来模式以及双方人员的熟识使得建设方在此时期通常也不会借助自身的优势地位而占得无理之利，但或是因为既有合同约定或是因为处于制度要求，双方在结算上难免有较大的争议，这是收尾期冲突、对立博弈的最主要来源，除非责任难明，直至官司相见，否则，通常情况下，在此时期冲突、对立性的博弈不会显著增强。

五、各方间优劣势呈现出的不同景象

作为顾客，除非面对的是拥有独家技术或独家资源的承包商或供应商，否则，建设方从招标开始直至项目结束，始终都处于优势地位，但这优势在不同阶段各不相同，而作为供方，即其他参建方，现在也都具有了足以制约建设方过度要求的筹码，它们决定了各方间优劣势在合同实施阶段具有了新的景象。

1. 建设方对承包商的优势

（1）直接的物质权力

首先在于进度款的审批，除了变更的定价计费，对承包商等供方来说这是其最为重要的、也是其最为关注的事项，而直接涉及的是进度完成情况、质量是否符合要求，即这一权力直接与进度、质量的管理相连；其次，在于依合同规定对彼方进行的处罚，如对进度未按节点计划完成、违背质量管理程序、安全违章违规、文明施工脏乱差的处罚，更准确地说这是扣款，是以对给付款的减扣作为规范对方、促进其管理的手段。从另一个角度看，这权力来于执行合同本身所形成的力量，它自身不能独立于合同执行，以此意义来说，这不是权力，而是义务，是对自己这方的义务，尤其在有明确行为依据的时候，建设方更须严格按合同来做，而如果反以此为筹码，以期通过执行上的放松换得对方的服从，无疑是饮鸩止渴，初时效果显著，但却时效短暂，并且严重地损害了合同权威，终将造成有令不行、有禁不止的不良局面。同时，也不可否认的是，建设方在采取针锋相对策略时偶以审批为手段进行适度的"无理报复"，却也有助于对方的服从，当然，由此给对方造成的威慑、给对方造成的这种认识不可过之，否则，必生对抗且有损合同权威。

由此不难想到，在理想状态下，彼此双方都没有也不必有让对方服从的权力，有的只是对合同不折不扣的执行，执行的力量即来自于执行的严格，也来源于合同的规定，这个规定必须足以确保有效管控项目过程，直至实现项目目标，合同中的费用支付及奖罚的规定则是其中的重要部分。理想并非现实，项目管理的纷繁复杂使得诸多工作要求不能全部进入合同中，对有的事项，写入合同中的只是建设方拥有的相应权力，建设方对相应事项随之就具有了较大自主权。

由此我们也不得不重新审视力量这一概念。建设方管理其他参见方的力量，是指使后者服从对其管理、监督的力量，这又源于两类权力，第一类是建设方等基于自身独有的位置、独有的角色而对项目作统筹安排的权力，因统筹而成为一个完整项目，对此唯有建设方方能做好，建设方在行使这类权力的同时也莫不是在履行其

义务，因为其中也含有以建设方角色对承包商等尽职之意，第二类是为确保项目目标的实现而于过程中对承包商等履行合同情况进行的监管，如发现其有违合同，则即予提出并要求之，随后监督其更正。

（2）间接的物质权力

这种权力有两种体现，一是它对承包商后续承揽工程的影响力，二是它与建设方在配合方面的关联性，它将依据承包商的合作态度、满足建设方要求的程度而使承包商就此获得了完全不同的结果。

如果承包商与建设方良好合作、有效满足建设方要求，将会获得建设方的肯定、信任和赞誉，或建设方给予它承接后续项目的机会，并使之具有其他竞争者少有的优势，或建设方对它的良好评价所产生的扩散效果使之扩大、提升了在同行业建设领域中的声誉和信誉，在既有市场上形成了或增强了相对优势，同时，也得以能够拓展自身的市场。而就当时的项目而言，承包商的良好表现也会带动或促进建设方项目管理人员积极主动地履行自身义务，在相互界面上积极配合，乃至将自身资源侧重于此、惠顾于彼，由此使承包商受益，这就是博弈中针锋相对策略的好例证。反之，如果承包商不与建设方良好合作、不能满足建设方合理有据的要求，则在与承包商利益攸关但对建设方却是无关大碍的事项上，建设方就必定以同等态度回应之，从而使承包商自身利益受损。

（3）非物质的力量

非物质的力量，也就是通过精神予以作用的力量，主要形式是非物质性的表扬、表彰或批评、贬损。当然，表彰伴着物质奖励，通报性的批评常伴着处罚，当这类奖罚额度较小而让被奖罚者更受触动的是精神层面上的作用时，也就是非物质的力量发挥了作用，而它们对承包商声誉、信誉的影响则形成了前已所叙述的间接的物质权力。

人具有天生的群聚性，人因此有了相互交流的精神需要，即使不考虑其中所含的物质性因素，这种精神需要也正是我们希望、愿意获得肯定而不希望、不愿得到否定的人性基础，它也是使各类文化得以生成、遵行、延续、传承的根本基础之一。也正因此，依靠这精神需要而使建设方对承包商项目部及其项目管理人员具有了非物质的力量，尤其是在有众多同级人员或是有承包商总部领导参加的表彰会或讲评会上，其作用效果尤为明显。

非物质力量，除以上之外，还有专家的或权威的、地位性的、参照性的权力或力量等，虽然它们不像以上褒贬类那样为建设方所独有，但也都可以为建设方所用，从而使它们或单独或与物质性力量混成一体而对项目中的各参建方发挥作用，其实，它们也正是构成项目文化的组成因素。

（4）审批权力所生的力量

这与建设方的物质权力相关联，这种力量主要通过两种方式发挥作用，一是通过审批核实、审查承包商相应的项目过程，如其不符合要求，即按约定不予批准，并要求限期整改、纠正，这可视为关卡的力量，如承包商对此无视，则将面临矛盾升级、问题扩大化的风险，乃至造成相互对立而较严重地损害到相互的合作关系；二是以审批作为使对方服从或使对方在其他事项上就范的条件，这是一种胁迫，但在唯求实利的承包商那里，莫不是一种实用、有效的手段，自然，它应当主要用以发挥一种示范性作用，而不能作为使对方服从的日常手段，同时，这个关卡也应当是其与自身实利紧密相关的必经之路，否则，就是在利用对方对程序规定的自觉遵守，这样做并非完全不可，但度的把握务求适当，并且要少用，更不可在矛盾激烈、相互对立时用。由此，有一原则必须遵守，即建设方不能利用对方良好表现的一面作为迫其服从于己的惯用手段，当这种迫使仅利于自己这方时，更加绝不可用，否则，就是为渊驱鱼、为丛驱雀。

2. 承包商足以制约建设方的因素

（1）以项目本身为依恃

合同一旦开始实施，作为建设方，终止合同就代价不菲，项目越复杂、界面越繁多、隐蔽性越强，代价越为巨大，这是因为工期的延误、前后责任界定和责任追究的困难、隐性问题发现的迟缓，建设方从对方那里获得的赔偿和罚款与这种代价相比常相差悬殊，而单纯从物质利益角度看，承包商的损失也难与之相提并论，因此，除非不如此将造成更大损失，否则，建设方不会轻易终止合同，即使建设方发出此类威胁，也多是不可置信地威胁，但这也因此成为承包商最后的救命稻草，是其退无可退时最后的依凭所在。自然，作为任何一个眼光长远、讲求信誉的承包商，不到万不得已，是不会以之作为依凭的，而如真到此地步，就必定冒着两败俱伤的巨大风险，这就是博弈中的边缘政策。

就进度方面而言，虽然在时间节点上必定有奖罚约定，额度也或不小，但这同样难以与建设方相应的巨大损益相比，针对进度的延误，建设方必定更为急切。因此之故，实施处罚后相互关系的进一步恶化、对对方进一步怠惰、延缓的忌惮就常成为建设方难下决心严格按合同约定处罚的主要原因，而此时，如工期的延误也有建设方的责任混在其中，但从另一个角度看，作为建设方，必须考虑到强烈的示范作用以及自身声誉的维护，因此，对明显符合罚款条件的那些承包商，即使风险再大，也应当坚决执行合同条款。对于大型建设项目，承包商的这种制约能力依具体情况而截然不同，如果它所承揽的任务位于大项目的关键路径上，它无疑就具有了更为重要的意义，制约建设方的能力也就此更强，反之，虽然承包商仍会具有一定的用于博弈的筹码，但却无法与只有自身一家的项目相比，而如果它有意使工期严重延误乃至突破了相应的总时差，则在这突破实现之前已是理义尽失，从而丧失了对等博弈的任何道义力量，由此，这种行为必定会突破双方博弈立于其上的最基础的文化平台，从而导致严重的对立，乃至关系的破裂和合同的中止，如图4-2所示。

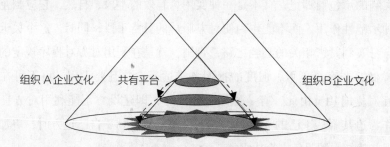

组织 A 企业文化　　　共有平台　　　　　　　　　　组织 B 企业文化

图4-2　以互利为基础的博弈的文化平台

（2）建设方需承包商给予的配合

在此方面，首先是那些虽然在合同中已有要求但与项目产品形成、与工程款拨付不直接关联、对建设方意义较大、对承包商却无多大现时利益又不易乃至无法通过合同方式给之以足够威慑和激励使其自觉遵行的那类事项，文明施工是其典型，又如各类由承包商完成但利于建设方多于承包商自身的报告、统计等各类资料。于此方面，作为建设方，自然也可以以不积极配合、不履行合同义务为由而予警告乃至处罚，但这也并非是常用之策，常用则疲，如兼有合同本身存在的显著不公平，更会使承包商置之不理；其次是合同中虽明确属于承包商义务范围但因为给价不足使其不愿承接的事先未定的临时事项、零星工程，如在E+P+C模式中本应由建设方采购的设备、材料因采购周期问题改由承包商采购、如那些难以落实责任归属的零散工程任务。对给价不足，建设方虽有制度或权限上的原因，但失理之处明显，承包商会以种种难辨真假的理由拖延，建设方对此也会颇为无奈。

在此还有一种情况需要引起建设方足够重视，即因为建设方领导的管理意识、思路或管理方式、方法不当而使建设方项目管理人员多有求于承包商，承包商在这一层级上就有了更多筹码换得更多利益，这大致分三类：一是将承包商在项目过程中的问题简单地等同于自己这方具体管理者的管理不力，二是要求自己这方管理者逼迫承包商完成不属合同内却少有补偿的事项，三是随意提出高于合同的要求，且将这要求的落实或满足与建设方内部人员的考核和荣辱升贬简单连在一起。第一种情况将导致建设方内部人员的拒斥心理，而如果没有其他足够独立的项目信息渠道，则就导致建设方人员与承包商一同掩盖问题，比如在总部对死亡事故严厉处置的高压态势下，项目上发生的死亡事故就有可能被瞒报；在第二种、第三种情况下，与承包商直接打交道的建设方人员就会产生或卑或亢的两种截然不同又相关联的态度，两者都无理为据，只不过一个寄于对方施舍，一个寄于对方惧怕，时间久了、次数多了，就必定无效，此时，建设方具体项目管理者必然会以违背合同和制度暗中输送利益作为解决此类问题的惯用手段。以上三种情况都迫使建设方具体管理者在特定方面与承包商形成利益共同体，由此搅乱几方间正常的博弈关系，使之呈现出混沌不清、斑杂怪离的景象。

在需要承包商配合方面，时间的紧迫性也可以成为承包商的优势所在。当因合同约定不足或执行不足而使承包商没有足够动力配置资源、紧密安排以确保达到节点目标，与此同时，建设方的高层或部门又以进度为主要考核依据、以进度敦促为主要工作时，建设方具体项目管理者也就只能以进度为其第一要务了，当发现质量问题或安全隐患时，考虑的重点也只能限于能否被曝光或是能否引起事故，而承包商却可借此换得对其不当的放行。若此，本应是承包商重点工作的时间管理，却反被承包商拿来作为与建设方博弈的一个有力工具。

第二节　落实合同要求、履行承包商义务

一、资源投入和使用

任何工作都只有有了必要的资源投入方能完成，完成一个建设项目所需资源种类繁多，而每种资源实际投入的数量和质量、投入的分布情况必定各不相同，它们能否足以保证实现合同的各项目标、满足工程各方面的要求、满足项目的整体统筹安排和建设方因特殊情况所作的临时性安排，正是承包商与建设方在过程管理中产生矛盾、发生冲突的根源之一。

资源是保证项目目标实现的基础和前提，但在优劣管理之间所需的必要资源有多与少、高与低的差别。越优秀的管理会使必要的资源投入越省、对资源的质量要求也越具常规性，因为凭借其管理可以在一定程度上弥补资源在数量上、质量上的

不足，可以以数量相对较少、质量相对不高的资源实现项目目标，同时，所需同一
种资源的数量和质量间本来就可以在一定范围内相互转换、相互补充，但是，对任
何一个项目而言，其所需各类的资源都必定有数量上及质量上的最低要求，无论量
也好、质也好，低于此，就断无实现项目目标的任何可能，而管理水准本身也有赖
于管理资源（人在其中是最为重要的投入）的量和质，如图4-3所示。

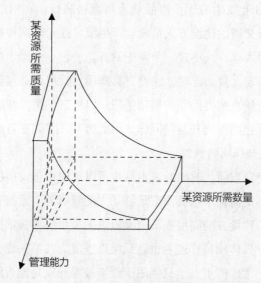

图4-3　所需资源质量、数量、管理能力三者间的关系

在ISO9000中将资源分为人力资源、基础设施、工作环境三大类，基础设施又分
为建筑物及工作场所和相关设施、过程设备、支持性服务三类。除此，资金作为一
种可以转换成其他资源的独特资源成为一种居其上又承其下的另一类重要资源。建
设项目所用资源与构成工程实体本身的材料、设备情况紧密相关，后者是前者作用
其上的对象，它们被马克思称之为劳动对象，前者的配备必须与后者的到场或到位
时间相互符合。

在此还需强调的是，资源投入是投标文件及合同谈判中的一项重要内容，它与
投标承诺、合同承诺以及合同执行紧密相关，因此，做好招标工作、确保真实投
标、建设方自身严格履行合同义务、严格监督对方合同义务履行是资源合理、有效
配备和使用的必要前提和根本途径。下面就最为关键的人力资源及资金资源予以详
尽论述，其后再阐述在承包商资源使用方面应注意的事项。

1. **人力资源**

泛而言之，其他所有资源都莫不是由这类资源进行调配和使用的，在既定的工

作环境下，这类资源使用基础设施作用于工程材料、设备实体上而形成项目产品，它既决定了其他资源投用的数量、质量和时间，也决定了所有各类资源能否有效结合和使用。《项目管理知识体系指南》为此指出"人力资源不足或人员能力不足，会降低项目成功的概率，甚至可能导致项目取消"。

与运营型企业一样，建设项目上的人力资源同样可分为决策层、管理层和作业层，层级不同，决定、作用于其他资源的范围和程度不同。决策层在其自身项目组织中的所有方面都发挥着最为重要的战略作用，因此，无论总部对项目所需资源的保障能力如何，这一层在项目组织中都具有调配、使用资源的最高权力，它在总体视角上决定各类资源的来源渠道、总体数量和基本质量、入场时间和使用时间；作为管理层，一方面根据领导层的决策或决定而配备和使用相应资源，另一方面，于此之下，在任务分解结构的相应层次上，由这一层来确定资源的时间安排以及使用的具体方法，并给领导层提供做出决策或决定所需要的项目信息、专业经验和专业知识；作为作业层，使用其他各类资源进行作业，并给上级提供其管理所需的信息和经验，虽然在资源的调配上作业层已无任何决定权，但它具有的基层信息和实践经验对所有资源的合理安排却能起到至关重要的作用，正因此，并基于现代通信技术的发达，有时领导者会跨过多个层级直接与作业层沟通。

较之于运营性活动，各层项目人员对其所在组织的项目盈利大小更具有决定性作用，这主要在于两方面：一是对技术、质量、安全、材料消耗、机械使用的管控和把关；二是对各项活动的安排，合理而紧密的安排将避免资源的闲置和过早投入，也将避免因过度不均衡的使用而在负荷上出现严重的高低不均。

无论是技术方案或是管理方案，其适当与否决定了在方案所确定范围内的人员、材料、机械所能达到的使用效率和使用效果，而方案实施时的具体安排、实际执行则决定了具体的使用结果。方案由管理层制定，由作业层实施，而决策层则通过整体部署而在全局范围内决定了各方面、各阶段的计划，决定了各方案能否有序、紧密衔接而成一整体，由此决定了各类资源使用上的总体效率和整体效果。

就质量与人而言，如何避免因质量过剩而受损、如何避免因质量不足而遭受物质和声誉的双重损失、如何在提出质量要求时、在材料及设备验收时以及在现场施工中对合同和标准规范的要求把握得当，主要就在于承包商自身的管理人员[①]和作业

---

① 管理人员之管理在此是泛指，因此它既包括了严格意义上的管理者，也包括了技术、质检、安全等各类不直接从事作业但也并不属于领导层的其他各类人员。

人员；就安全与人而言，也存在把握得当与否的问题，即，一方面以人的生命高于一切为基本原则，投入足够资源以保证必须具有的安全状态，另一方面，如何进行最有效的管理，避免因过度防护、过度管理而致浪费，也有赖于管理人员的专业管理以及作业层相应的安全意识、安全经验和安全知识。

在合同执行阶段，项目管理人员的配备常成为监管方与被监管方争执、博弈的主要内容之一，其起因表面上看可能是彼此间的利益差异乃至利益对立，但实际上各方的共同利益在此远大于表面分歧，除非监管方明显是要求过度或挟私报复，否则，有问题人员的更换或是人员的增派是利于承包商自身的，因此，彼此争执、博弈的根源多是承包商项目领导或总部领导的认识未达到此等高度，对此，作为建设方或监理方等，在摒弃过度或无理要求的前提条件下，解决此类问题的重点是如何让互利完全彰显并尽己可能地让承包商看得清楚、想得明白。

建设方等与承包商在人力资源量上的争执、博弈也常会针对作业层，这主要是在某工种人员于某具体时段的数量能否满足进度计划要求上，而就作业层人员的质量而言，监理方对其的认识常限于专业班组这一层，建设方对此的认识则更为宏观，又因为承包商管理层与作业班组和监管方的接触都最为频繁，因此，管理层人员常成为作业层问题的替罪羊，自然，当作业层问题较为明显、突出时，监管方也将提出更换班组的要求。

在项目决策层也即领导层和项目管理层这两层人员的质量上，建设方还经常会出现对人员资格要求不当的问题。当国家在职业资格上有明确的硬性要求时，这要求自然成为建设方、监理方的正当要求，除此，作为建设方，务必不要唯资质、唯职称、唯学历论。虽然资质与专业知识确有正向关系，职称也与职业素质有一定关联，但它们不代表专业经验，更不代表能力和责任心，在工程建设这类与实践紧紧相连的领域，更是如此。在工程建设领域中，承包商在人员配备上实际与承诺不符的问题本就很严重，如建设方对此又有过高的资格要求，投标人必定选它最符合条件的人员放入招标文件中，而如中标，就必定另派他人。有一大型建设项目，"涉世未深"的建设方要求监理工程师必须持有国证，对此，投标人投其所好，少有不符合此项要求的，但在合同执行时却普遍违约。由此不难想象，如果对人员要求过当，在项目实施时，相互间就很可能产生较激烈的冲突，其结果不外两种，或者建设方只能将合同要求置之一旁而不再要求，或者对方竭力满足此类要求，但这既对项目少有益处，也较严重地损害了对方的合作意愿。因此之故，招标时对人员资质、职称、学历、资历、业绩的要求务要适当，在实施时则严格监督执行，而评标中加入面试环节比单纯的资格设定更为妥当、更益于项目本身。

在大型建设项目上，还有一种不良情况，即当建设方项目机构岗位齐备、人员颇具规模时，常会要求其他参建方也是如此配备，以能够做到一一对应。对所承揽工程规模较大的承包商来说，这不难做到，因为唯此方能做好项目，而对所承揽工程规模甚小的承包商来说，因为这在管理上确实没有必要，它就必定基于成本的考虑而不能满足。建设方"一视同仁"、一样要求的结果必然使双方产生冲突，建设方的这种态度也正是它向其他参建方提要求时最应避免的，即简单、盲目、粗暴而不顾及具体情况、不顾及承包商合理利益，这是产生非必要冲突的两个主因之一，另一主因则是承包商不顾及项目共同利益、不顾及合同约定而在资源、材料、设备上"偷工减料"，这两方面如同同一物的两极，即相对立又相关联。

在资源方面，还应谈及资金的支付，这是承包商最关注的事项之一，作为建设方，这应当是最能体现其互利原则的方面，资金按合同约定及时足额拨付到位，也正是建设方主要的合同义务。如若想以拖欠、克扣而获得不当利益，必将严重破坏合作的基础，合同的严格执行也丧失了必要基础，若此，冲突和对立性的博弈必然成为整个项目建设过程中的基调，即使项目最终完成，但建设方声誉上的巨大损失将使其可靠的承包商、供应商资源越来越少，如果建设方在其后的项目上仍是如此，更将使其后续项目面临优质社会资源枯竭的困境。如果建设方资金充裕，又无攫取不当利益之念，但却因为必须经过低效、繁琐的审批流程而导致付款严重拖后，那么，建设方这种官僚式的项目管理就成为损害包括建设方自己在内的所有参建方共同利益的罪魁祸首。

在资金方面，作为承包商，则不能在可能会对项目造成不良影响情况下将所得工程款挪作他用，谨守此线也是承包商应尽之义务，建设方也完全有权力对此进行核查。有的合同约定承包商需先行垫付资金，对此，作为建设方，必须保证这项要求的合法性，而作为承包商，作为任何一个具有民事主体资格的独立法人，对这垫付的能力和风险，此前也必须考虑清楚，并将其与获益机会、获益大小比较，而后再审慎做出相应决策。

2. 资源的使用

作为承包商，如对建设方要求唯命是从，就可能因为要满足建设方的过度要求而使自身资源被不当地使用和耗费，这既无益于项目目标的实现，也无益于建设方的根本利益。建设方的过度要求必然存在，这或因建设方组织条块分割而使得各方面的要求缺乏统一性、整体性所致，或因建设方人员经验、信息有限而把握不当所致，或因建设方人员对承包商不负责的态度所致，这些都不是单凭另一方良好愿望和合作精神所能避免的。"以顾客为关注焦点"并不等于盲目迎合，无原则的满足和迎合，反而促使建设方突破双方管理的边界，而边界是不能由任何他人把控的，建设方如果常过度要求或要求过度，就需有现实的回击，但这要有理、有力、有节。与此同时，承包商要对项目共同利益与自身利益有全面而深刻的认识，这认识基于现实，又放眼长远，由此认识到彼此共同利益所在，就此积极引导、影响建设方，这种引导、影响实质上于合同谈判阶段即应开始。

作为建设方，要认清彼此利益差异、利益对立具体所在，基于此，建设方在管理上须有一定的迫使手段使承包商使用足够的各类资源来履行义务，而这手段的具体形式及迫使的程度因利益分歧、利益对立的程度、对方合作意愿的不同而各不相同，如因为建设方所种前因使利益对立的根源深固、巨大难以通过实施时的变通消解，对方为此也少有合作意愿，就只能以迫使为主要手段，做未必得利、不做必损减利而使其不得不为，如若差异、对立并不严重，所及利益亦非关键，迫使之程度自然用轻用少。作为建设方需要以约束和必要的强制促使对方履行合同，而不能单依靠对方的自愿自觉，这正如承包商不能将自己的权利拱手交付建设方一般，建设方也不能将自己的权利交付合同的另一方。

作为建设方，也必须要认识到双方的共同利益是使合作得以成为可能并就此形成合同关系的基础，作为建设方更不应损害这基础，为此，要谨记合同所赋予的权力边界，避免过度要求或要求过度，珍惜对方资源而避免妄用对方资源，否则，偶一为之或无关大碍，但经常如此，则或是对方因难以承受而拒之，由此对双方关系造成损害，或是对方继续使用自身资源而竭力满足之，但对方为此所受损失常会反过来损害建设方自身的项目利益。另一方面，如果承包商未能全面、深入认识到即已存在巨大的共赢基础和互利空间，而短视地拘于现时的一事一处而使资源配备不足或使用不当，则建设方就应通过说服和实利展示以积极引导，并以必要的迫使予以约束和强制，以驱使之走向共利之途。

二、质量管理中的相互关系

即使在工程建设领域，质量管理方面的著作也可谓汗牛充栋，它们从不同层面、不同视角对质量问题产生的原因、根源及问题处理、解决的方式、方法予以了详尽论述，但任何质量问题，究其本源实质上都是人的因素所致，因为只是因人而有了质量的要求和质量的满足。就人而言，不外是三种情况导致质量问题，即：不知、不能、不愿。

不知，即不知其所应做，这或是因所获信息的不足所致或是因其无知而致不知。前者主要是因为其自身的信息系统出现问题，但也有可能是偶发性问题所致，后者是因为自身的知识、经验有限而不知如何做好、不知如何避免质量问题的出现，我们可称为是非信息的不知问题；不能，即知其所应做却无能力做好，这或是因为自身不能或是因为自身所拥有的外在力量不足，前者源于知识和经验有限、技能不足、体质不及等原因，后者是针对那些非一己之力能完成的事项，因为缺乏人员或基础设施或工作环境而无法做好，当自身时间不由自主而上级没有给出必要的时间时，亦是如此；不愿，即知道做什么、知道如何做好，也有足够能力做好，但却不愿如此去做。以上三种情况并非泾渭分明，而且它们相互间也有内在关联，因无知而不知实质上是不能的低级形态，下层的不能，如果不是自己原因，就是他们拥有的外在力量不足问题，而这多数原因又正是上层领导的不愿问题，因其不愿，就不会投入相应资源给下属，就不会使他们具有必要的外在条件。作为总部组织的最高领导，除信息不足外，他仍有所不知，这是其知识、经验、意识、理念的局限性所致，他仍有所不能，这或是其自身能力不足或是他所在的组织不能，他的不知、不能、不愿导致其在质量上职责未尽，这又导致管理层进而是作业层的不知、不能、不愿，由此导致相应产品的质量无法保证，而这是无法通过建设方的努力而予以改变的，它们之间的关系如图4-4所示。

不知问题，其中的信息问题当易解决，除非遇到极特殊情况而需投入巨量资源方能获知相应的必要信息，否则，只要信息系统顺畅且具备必要的效率和必备的真实性，获知与质量方面相关的足够信息并非难事，不能问题，就组织而言，如果所

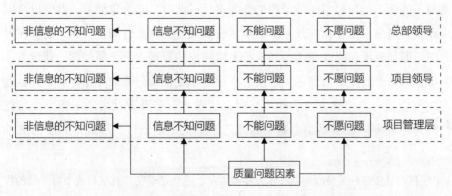

图4-4 导致质量问题的不知、不能、不愿三类原因

承揽的建设项目并非特殊，按理也不存在，因为它本就须有足够资源以保证项目产品质量，这些资源自然包括了具有能力的个人，这也就避免了因为人的问题而导致不知问题的出现，由此看来，主要问题在于不愿，在现实中，承包商的主观意愿也正是建设方、监理方与承包商之间在质量管理中产生矛盾、冲突的根源所在。在现实中还有另外一种情况，因为承包商盲目扩张性承揽或过度削减成本而使资源不足、人员能力不足，由此导致质量低劣，但这也莫不是不愿问题，即因其最高领导层甘愿采用如此战略而牺牲产品质量所致。

就解决不知问题而言，作为建设方或监理方，务必要敦促承包商建立健全的项目质量管理信息子系统，以保证与质量相关的原始信息收集、整理、传递以及与质量有关决定、要求的传达、执行情况的反馈等各个过程都能在此系统中及时准确地完成，并为质量的持续改进提供足够的信息。就此需注意子系统必须与监理方、建设方的质量监管紧密相连，这对保证项目质量至关重要，同时，进度状况及进度计划是这一系统中不可或缺的内容，因为质量管理随项目进展而开展，项目进展又是以已完质量合格为前提。

就解决不能问题而言，如果那些决定项目产品质量的人员①自身能力不足以保证质量，监管方就应根据具体情况提出或更换或培训的要求，如果是作为个体的外在条件不具备，就需判断这条件是否应由承包商提供，如否，则责任在建设方这一边，否则，就要敦促承包商项目领导直至其总部领导解决。如果至总部最高层仍无法提供足够的资源以保证项目质量，那么，在这种情况下，除非是遇到了相当特殊的任务而需要相当特殊的资源，否则，只能说明它或已到了山穷水尽的地步或可调用的资源已被其他项目占用，这些都是非正常状态，而即使是任务特殊使所需资源特殊，但如果这是在招标时、在不经招标即直接谈判时都已明确的任务，承包商的不能就不会减轻它所应承担的任何责任。此时，作为建设方，就应以合同为据采取断然措施，或在相应任务上更换承包商或直接终止合同，自然，还存在另一种可能，即如果承包商的症结是其自身无法解决的管理力量薄弱问题，建设方、监理方却有力量予以足够帮助而其直接成本远小于更换承包商或终止合同，并且这一承包商与建设方、监理方又合作良好时，建设方、监理方就应施予援手，与此同时，作为建设方，也需要小心避免因此产生不良的示范性、形成不利于己的外

---

① 决定项目产品质量的人员既包括技术及质检人员，更包括其工作直接形成项目产品的作业层人员。

在形象，而这非正常状态的根源仍是建设方选择供方的错误，这个教训必须认真汲取。

就解决不愿问题而言，这常是解决质量问题的关键，因为不愿问题是质量问题频出的主要症结所在。在急功近利的承包商那里，质量总是在它因质量问题被通报、被处罚时方显示出现实意义，而质量的意义仅是因负面影响、负面作用而存在。对这一类承包商而言，质量管控方面的投入并未创造可见的效益，而质量方面的减省却似乎可获得显著的现时利益，其中最为常见的是工程质量的降低所带来的巨大的眼前利益，如图4-5中的预防和评估成本曲线所示。

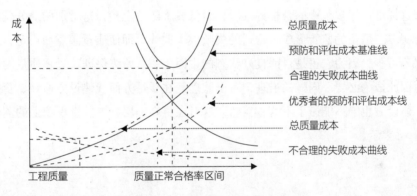

图4-5　工程质量与成本的关系

图4-5中所示的预防及评估成本曲线决定了任何一个产品的提供者也即供方都有牺牲质量的原始的、本能的冲动和欲望，卓越的组织也不例外，但它与同业者相比，同类产品的同等质量，它具有低成本优势，它的预防评估成本曲线更为平缓，因此，损失质量所获利要小于其他组织，而因损失质量却使它的长远利益受到更大损失，同时，质量就是生命的理念已深植于卓越组织的文化中，并具有系统性的、既保证质量又不失效益的制度、机制和方法，这都使得它终不会以牺牲质量换得眼前利益。卓越的组织之所以能实现这点，是基于它在现实中寻找到的一个持久、稳定、符合自身长远利益的发展之途，而这又根于不如此必难获长久之利的社会大环境，这实质上也就是外在强大的监督和约束力量，否则，与正道相通效益却持久不显，自然就造就不出卓越的组织。

外在的力量形成了失败成本曲线，它使质量低劣的生产者必定受到信誉及实利上的巨大损失，这正是遏制任何一个组织靠低劣产品获利的根本力量。它基于顾客维护自身利益的自然反应和正常行为，更基于社会较为健全的监管及信用体系，以及较为严密、公正的行政、司法体系，这两方面正是形成失败成本曲线的最主要因素。这一曲线与预防和评估成本曲线的交点是成本最低点，外在力量的作用正是要确保这一交点落在质量正常合格率区间，即在此区间之内，成本最低，而当外在力量薄弱时，这一交点必定大为后移而使成本最低点远离正常合格率区间，其结果就不言而喻了。

在工程建设领域，建设方通过合同的约定、制度的制定以及更为重要的执行和监督而塑造出如前所述合适的失败成本曲线，使其与预防和评估成本线的相交点位于所要的质量标准区间，若此，外在的力量内化成承包商的主动性和自觉性，自然，当这标准高于规范中的合格标准时，最低成本随之上抬，这增加的部分就应由建设方买单。质量的监管形成了合适的失败成本曲线，即使质量满意而稳定，这监管也必不可少，因为它正是目前良好状态的主因之一，始终保证对过程质量的严格监管也因此成为必要。同样的道理，对于监理等在质量方面代建设方监督、管理的组织，建设方也绝不能撒手不管，当然，这对在更高一层、更关键事项上的监管，可用图4-6表示。

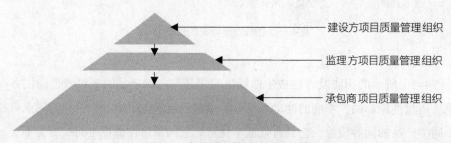

图4-6　各级质量管理组织关系简图

通过对结果的评定和相应处理促使彼方自觉进行过程管理是质量监管的一种有效手段，但就工程建设领域而言，质量更需要过程管控，这即是基于不良质量结果给建设方造成损失之大，也基于相当一部分质量结果具有显现的滞后性。在对质量进行过程管控的同时，作为建设方，也要发挥项目文化所起到的柔性而内在的作用，要在项目上形成足够的质量意识及良好的质量行为，自然，它也是以过程管控为基础的，而当两者共同发挥作用时，就必然能顺利实现项目质量目标。

为确保质量过程处于受控状态，作为建设方，一方面要委托有足够信誉度和管理水平的监理公司，同时，建设方自身的质量管理组织也必不可少，这既是出于监管监理以确保其严格、公正监理、遵守职业道德的必然需要，也在于弥补监理的不足，即在处理涉及高深技术的质量问题上、在涉及项目全局性的质量事项上，更需要发挥建设方的作用，而这些都应当是在监理工作的基础上进行的，这与图4-6所示相一致。基于此，在质量方面，建设方不需要庞大的队伍，但它的成员所具有的经验和知识必须显著超于监理，而决非泛泛之辈，否则，必定产生叠床架屋的问题，从而适得其反。

三、安全管理中的相互关系

在此，首先要明确建设方的安全责任。依据《安全生产法》，建设方安全责任主要有以下几项，安全设施的三同时，并将相应资金纳入项目概算，矿山、金属冶炼及用于生产、储存、装卸危险物品的建设项目，进行安全评价、向政府报审，组织安全设施验收。依据《建筑法》，建设方安全责任主要有以下几项，向承包商提供地下管线资料，在需临时占用规划批准范围以外场地的、可能损坏各类公共设施的，需要临时停水、停电、中断交通的，需爆破的等，向政府办理申请审批手续，涉及建筑主体和承重结构变动的装修工程，委托原设计单位或资质相符的设计单位出设计方案等。依据《建设工程安全生产管理条例》，建设方安全责任主要有以下几项：向承包商提供施工现场及毗邻气象水文资料，地下管线、地下工程资料；不得提出不符合法律法规、强制性标准规定的要求、不得压缩合同工期；不得明示或暗示施工单位购、租、用不符合安全要求的工机具、用具及器材；办理施工许可证、限期将安全施工措施报政府备案等。

由以上可以看出，在我国法律法规中，建设方的安全责任：一是安全设施的资金保证、验收组织、满足投用要求；二是施工许可证的办理，几类建设项目的安全评价、报审；三是对那些可能会对公共设施、公共资源有不利影响的施工，其手续的办理；四是向承包商提供与施工安全及公众安全相关的外部资料；五是不得提出可能会造成安全隐患或安全事故的要求；六是不得向承包商推销不符合安全要求的物品。由此我们知道，建设方的安全职责在于对外以项目法人的身份确保不对社会公众构成安全威胁、对内确保项目本身建成后的运行安全、对承包商则是向其提供与安全相关的必要外部信息且不得乱作为，对承包商于工程建设过程中的活动，除了确保安全设施三同时及设计报审、组织验收外，国家并未赋予建设方更多的安全职责，它对于承包商因自身管理问题导致施工中发生的安全事故也无责任，因为它没有类同于监理的监管义务，自然，对于建设方原因如未履行合同义务、未履行法律法规要求等而导致安全事故或产生安全隐患的，建设方也一样责无旁贷。

安全责任即已界定清楚，建设方与其他参建方在安全方面关系的处理依此而行。简而言之，除非在EPC项目上因设计问题而产生使用上的安全风险，否则，作为建设方，因为相互关联性较少而与各承包商并无必然的直接冲突，而作为EPC项目，又因为设计上的强制性要求及必须进行的设计审查，此类问题也并不突出。作为具有安全监管责任的监理方却因职责在所难免与承包商有冲突，而作为建设方，对此有完全的责任来解决其中那些已无法靠彼此双方自身纾解的冲突，于此之时，虽然在具体处理上要兼顾原则性和灵活性，但除非监理的要求明确无疑是超合同、超标准的，否则，建设方应无条件支持监理，这就形成了建设方与承包商于施工安全方面发生间接冲突的根源，而当建设方自行加大项目上的安全管理责任时，相互的直接冲突就成必然。近些年，已有大型央企将项目建设过程中因安全事故导致的非己方人员伤亡等同为本企业人员伤亡，由此使建设方项目部建立起了庞大的安全管理组织机构，将安全管理直接扩展、深入到承包商的项目施工中，直接的冲突、博弈就此无可避免，但其程度也取决于对方即承包商内部项目安全责任的大小，随着责任的增加，共同利益不断增加，合作共赢的必要性增强，冲突随之减弱，国家近些年持续不断强化安全生产的大环境正有效促使这种局面的形成。

即使建设方将安全管理扩展、深入到施工中，与质量相比，其也相对较为容易，这源于施工安全具有符合结果管控条件的诸多特征，因之可以较多地通过对结果的考核和态度鲜明的处置迫使承包商自觉加强安全的过程管理，而这都是必须以合同为据的，因此，也就需要将此方面内容事先纳入招标文件中。自然，国人法治意识的淡薄、投机取巧的习性使安全事故有可能会被瞒报，而以结果处理促进过程管理这一手段的强化使之更易发生，但另一方面，因为瞒报要面临严厉的责任追究乃至法律制裁，建设方如对此充分用之以强化引导，也能对瞒报形成有效的抑制作用，与此同时，为避免承包商瞒报，建设方需要建立起与隐瞒利益并不正向相关的信息渠道。就监理来说，基本的职业道德和瞒报被发现而被追责的巨大风险使其难以成为瞒报的同谋，但其具有的安全责任也使之不会成为积极的举报者，而如果依靠建设方自身基层人员的觉察及各层的据实上报，建设方领导就必须真正以珍爱生命为本，给其人员增加的安全责任及因安全事故而进行的处罚绝不能大到取其协同隐瞒的程度。就此，应符合如下公式：

$$（A+B）\times（1-\alpha）>A 或 B>A[1/（1-\alpha）-1]$$

式中　A——因发生安全事故而对某人进行的处罚及此人因此受到的其他损失；

B——此人因瞒报被发现而增加的处罚及此人因此受到的其他损失；

α——其瞒报成功的概率。

只有在满足以上公式且这大小关系为一人知晓时，此人才不会瞒报。如无法保证这一公式的成立，则就不能依靠此人获得有关安全事故信息，若此，就必须另有一条独立、可靠、畅通的信息渠道，方能杜绝对事故的隐瞒。

建设方通过对结果的处理以确保承包商对过程管控到位，既有赖于可靠而畅通的信息渠道，也有赖对负有事故责任的承包商施以重惩，其重之程度必须明显大于因安全管理之疏、安全投入之少却侥幸未发生安全事故所得之利。就此当符合如下公式：

$$（p-p_0）\times（C_1+C_2）\geqslant C_0-C$$

式中　p_0——某类事故允许发生的概率；

p　——某类事故实际发生的概率且$p\geqslant p_0$；

C_0——此类事故发生概率等于p_0时的安全投入；

C——此类事故发生概率等于p时的安全投入；

C_1——此类事故所受惩罚损失和声誉损失；

C_2——此类事故处理成本。

就具体情况下发生的某类事故而言，其处理成本C_2固定，事故发生的概率与相应安全投入的关系也基本上是基于既有客观情况，当然这种关系必定相当复杂，在现有情况下，与p_0或p相应的C_0或C也是定值，因此，如要使此类事故发生的概率小于p_0，就必须使C_1足够大，以确保凡是在概率大于p_0的情况下，得不偿失。（C_0-C）$\leqslant$（（$p-p_0$）$\times$（C_1+C_2））。就此公式，还需注意两点，一是得不偿失须是承包商项目领导乃至其总部领导所能感受到的，因此，对并无具体、直观数据作依据的声誉损失，如其有正确的意识和足够的远见以能正确评估判断，自然为好，否则，就需要建设方积极引导，并加大惩罚力度，又因为处罚条款须事先放入招标文件中，因此，它就应当依据潜在投标人在此方面的普遍认识而确定；二是组织利益如果不与作为决策者的领导者个人利益、个人名誉相关联，则这一公式也并不适用，而这种关联性只能依靠这一组织内部的管理机制来建立，与建设方毫无关联。

与重罚安全事故责任方相应的是辅之以对过程管控良好的参建方所给予的奖励，同时，辅之以监理监管职责的履行以及对过程失控所给予的处罚和纠正，若此，项目的安全目标当足以实现，而建设方为此付出的成本与建设方细致入微式的日常监管相比当明显为少。十余年前完工投用的国家一个大型建设项目在安全监管上的例子值得一提，它未经正式报道而无法核实，但在业内广为流传。在项目进入到施工攻坚阶段后不久，安全事故即不断发生，建设方为此聘请了日本著名的安全管理专家担任安全总监，他在短时间内迅速扭转了安全形势，其主要方法甚是简单，发现隐患，即写通知单发给责任方的直接负责人，限时整改到位，届时未达到整改效果，即将通知单直接递交更高层领导。自然，这一做法有效的前提是安全结果与组织利益、与高层领导个人利益和名誉紧密相关。

以上措施解决了"不愿"这一根本的问题，使承包商从"要我安全"转变到"我要安全"，并由此能主动自觉地去解决"不知"和"不能"问题。对这后两个方面，作为建设方，不必深入介入，但也不能彻底放任不管，而要通过警示作用予以促进和提升，一方面是发现并使承包商领导认识到在安全管理上其存在的主要或根本问题，认识它们将产生足够多、足够严重的安全隐患并因而使项目现场面临发生事故的较大风险，承包商由此而能从安全管理体系上乃至从项目安全文化根源上予以彻底解决之，另一方面仍需持续不断地宣传和强调，适时念着安全的紧箍咒，以使所有参建各方自始至终保持安全的警觉和管理的强度，自然，这并不意味着建设方要对施工过程进行深度安全管控。

在安全方面，建设方应将重点放在履行法定责任和合同义务、为承包商创造足够符合安全要求的外在条件上，因为它要对因自身未履行合同义务而导致的安全事故负有完全的责任。无论是那些直接决定安全状态的义务或是与安全状态紧密关联的其他义务，建设方大多可委托其他组织完成。在此情况下，建设方的安全义务、安全责任就由这些受委托组织完成相应任务的质量责任转化而成。就项目建设过程中安全与质量相关性来说，对能通过交付验收而判定质量的，建设方负有组织责任，对其中无须专业知识、专业经验即可判定的，建设方还应负有与监管方同等的法律责任，除此，与这任务相应的安全上的法律责任都随之转嫁给完成此项任务的组织及建设方委托的监管方。作为接受并使用建设方实体产品或软件产品的另一方，承包商也有责任做接受前的验收，一旦验收通过并予接收，承包商的验收责任转成了对等的安全责任，但正如FIDIC条款所规定的，对由建设方提供的机械、材料有"承包商检查、照管、控制的义务，不应解除雇主对此类机械、材料中任何未发现的短缺、缺陷和损坏所负有的责任"内容，推而广之，对所有由建设方提供承包商的成果，建设方都以此原则承担相应责任，这无论仅涉及承包商自身安全或还涉及生产运行安全，都是如此。

四、文明施工管理中的相互关系

概而言之，文明施工主要是指保持施工现场整洁、卫生的状态，我们可以将6S中的前四项整理、整顿、清扫、清洁作为文明施工的标准要求，即，物归其位、整齐放置、清扫干净、场地洁净，并维持成果、保持环境良好，因为施工现场具有不断变化的特点，整顿中特有的标识要求就仅限于材料、设备及有限固定场所的标识，而清洁中的洁净也不能与运营性的工厂相提并论。

作为建设方，其项目管理的根本目的是在限定的时间、限定的费用内获得符合技术要求和质量要求的项目产品，这又是通过项目目标及由它分解成的目标体系来予以体现的。文明施工本与项目目标并无直接关联，其本属承包商自行管控的范畴，它只是为顺利实现项目目标而进行的辅助性活动，但是，作为一个近年来在建设项目领域日益引起各方重视的方面，建设方也有完全的理由对此予以积极管理，其意义和作用如下：首先，它提升了项目管理上的整体观感质量，使其他所有项目干系人对项目具有了良好的直观感受，而这些干系人对项目常会具有关键性的作用和影响；其次，它对质量管理具有显著的辅助作用，对成品保护的积极作用自不待言，而材料、设备的规矩放置及对品名、状态清晰、准确、及时的标识也确保了它们的正确、有序使用，文明施工与施工质量的正向相关性在大型而复杂的化工建设项目中尤为明显，它们或具有直接而显性的作用，或具有间接而隐性的作用，在前一种情况下，文明施工管理与质量管理区域相叠，而在后一种情况下，文明施工对质量的促进作用也并不为弱；再次，它所创造的良好施工环境本身也会对工作效率、工作质量具有积极的正面作用，而通过它所养成的良好习惯将使施工人员具有了规整有条理的意识，由此而使工作清晰有序；最后，文明施工与安全也有交集，这首先体现在对一些临时设施的要求上，这些要求首先必须以符合安全要求为前提，但在文明施工要求得到满足的同时也促进了安全要求的满足，其次，文明施工与安全这两者常对同一事各有要求，但事项无法分割，两者自然就会在同一过程中相促相生地统一完成了。

鉴于以上，作为建设方，对文明施工越来越重视。作为监理方，虽然现行的《建设工程监理规范》对此并无明确的职责规定，但作为代建设方监管的一方，在监理合同中常被赋予了此方面的义务。文明施工具有完全的过程性特征，又因为它需要较多资源的投入，因此，就必须在招标文件及合同中将此方面的各项具体要求放入。作为承包商，各自在文明施工上必定有相应的制度或规定，而它们在施工管理或施工作业时，也必定有一个实际存在的文明施工水准，这水准体现出的是承包商既有的综合管理水平，而它自身的制度或规定要求通常要高于自身的实际。作为承包商，投标时要对这些审慎评估，并与建设方要求客观对比，由此测算或估算出满足建设方要求所需要的真实费用，从而以基于现实、满足要求为原则在报价时予以足够慎重、全面的考虑。

文明施工有关安全，责任明确而清晰，而其结果则更为直观、明显，一目了然、无可隐藏，因此，它更容易通过明确的奖惩来实现激励和强迫，自然，奖罚未必重，但要及时而态度鲜明，同时，惩却必须要明显大于对方因不做或敷衍之所得。

文明施工具有过程性特点，即它以过程性的现实状态为结果，因此，它应当以与施工作业同步为其常态，"工完料净场地清"只是对每天施工完成后现场的要求，它少了对施工过程中现场状态的要求，而这却是它更为重要的部分。正是因为文明施工的过程性特点，并且它常被承包商认为不会对工程进展有正面的影响、与其利益更不具有正向的关联，而它的具体要求也会因为时过境迁而不再适用，因此，对超过承包商自身标准乃至仅是超过自身实际水准的那些要求，承包商常以怠惰、消极的态度对待，这就要求在文明施工上的监管必须足够及时而有力，及时，即监督及时、敦促及时、引导及时、处治及时，有力，即果断地实施态度鲜明的奖罚，而将文明施工费用单列单支，也将使监管方能够通过对此费用的严格审批来有效促进承包商的文明施工管理。

如果承包商现有实际的文明施工水准能够满足建设方要求，建设方自不必费力监管，但除非以作业人员普遍具有的职业素养、行为习惯作为其持久的支撑，否则，作为监管方，也不能就此放任不管，而仍要不断予以提醒、警示，以免因为无外在的压力和刺激而使这水准不断下降。如果承包商现有实际水准低于建设方要求，就需要建设方、监理方严格监督、大力敦促，并依据合同及时实施奖罚。文明施工重在日常行为习惯之规范，因此，监管重在持续，在整改达标后仍需对保持、维护进行持续性的监督、敦促和引导，否则，作为过程性的文明施工必定异化成片段化的结果，这常体现在迎检前或视察前的突击整改，在检查、视察结束后不久，良好的外貌必定烟消云散。

当文明施工的要求内化成承包商管理人员管的自觉性和作业人员做的自觉性的时候，也就是承包商综合管理水平获得真正提高的时候，文明施工方能将其应有的作用全部而充分地发挥出来，但因为这是认识、意识、行为习惯的改变和提升而不能一蹴而就，从这一角度看，对文明施工的监管也重在日常的持续，从而一方面达到外在的结果，另一方面促进内在的转化。在此还需注意的是，作为建设方，所提要求必须要保证必要性。在南方一个大型化工建设项目上，现场施工全面开始后，其中一个主装置的文明施工即成为整个项目的标杆，但过不久，建设方代表即改由他人担任，这大概是因为原建设方代表一就任，在文明施工上即下足功夫，凸显亮点，而作为承包商，刚一进场，也莫不想有好的开端、莫不想与建设方建立起良好的关系，但若将远过其现有水准的要求作为常态，就必定难以为继。对文明施工的要求一旦超过其必要性，即使监管足够，必定会沦为表面文章，更难以对承包商管理人员和作业人员有任何内在的促进作用，而无论是由哪一方承担这类文明施工费用，都不应当。文明施工的必要性是以其发挥应有作用为根本的，除了外在形象之外，这必要性应当以促使承包商提高自觉性为基准，若此，文明施工对质量、安全、效率的促进作用方得以彰显，而文明施工的自觉程度、外显结果、自身成本间有图4-7所示的关系。

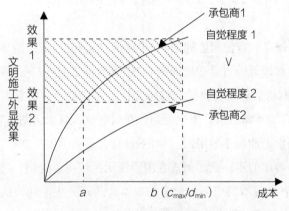

图4-7　文明施工自觉程度与成本的关系

　　在文明施工上，监管方既要依靠持续的监督、敦促、引导，也要依靠奖罚手段乃至文明施工费单列时的支付手段，假以时日，就会使承包商清楚认识到自觉性的重要意义，其管理人员及作业人员的自觉性由此得以逐渐形成，在此注意对要求的统一性和灵活性要把握得当。作为监管方，对承包商提出要求的依据是合同，但在与合同要求不相矛盾和冲突的前提下，仍然有根据现场具体情况灵活处理的空间，这就存在着对不同承包商所提要求一致程度的把握。不同的承包商，管理水准不同，文明施工自觉程度也各自不同，而在大型而复杂的建设项目上，依据承包工程的不同特点，对承包商承揽工程实力和管理能力的要求本就相差较大，因此，在将部分合同要求具体转化时，对不同承包商的要求就应有所不同，对管理水准高、自觉程度高的承包商的要求会高于对管理水准低、自觉程度低的承包商的要求。这有如因材施教，但"因人而异"的要求必须保证水准高、自觉程度高的承包商所付成本仍要小于水准低、自觉程度低的承包商所付成本，否则，就必定损害承包商文明施工的自觉性，也即要保证图4-8中的$c<d$，图中的a、b、c、d代表的是文明施工成本。

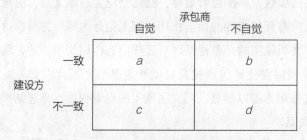

图4-8　文明施工要求的一致性与承包商的自觉性

$c<d$中的c是指在较高的自觉程度即图4-7中所示自觉程度1下，满足建设方较高要求所付成本，d是指在较低的自觉程度即图4-7中所示自觉程度2下，满足建设方较低要求所付成本，我们将前者视为自觉，将后者视为不自觉，并将它们视为两个截然不同的承包商所具有的不同水准。由此看到，在对自觉者要求为图4-7中所示效果1时，对不自觉者的要求不能低于效果2，当对不自觉者要求为效果2时，对自觉者的要求不能高于效果1，要求的不一致必须落在阴影所示区域内，否则，将因为对不自觉者的偏袒导致自觉者的成本高于不自觉者的成本，从而产生逆向淘汰。即使是在这一区间内，也存在自觉者的伪装问题，如果监管方对它毫不了解，它就会伪装成较低的自觉程度2，由此获得$b-a$的利益，如果监管方对它有所了解，它就不易伪装成功，它伪装成功的自觉程度与监管方对它了解的程度具有反向关系，除此，还有自觉者对不同要求的认识问题，当它认为这明显不公平，它就会产生不合作态度，若此，要求不一致的区间就应当相应缩小。

就奖罚而言，必须对表现优秀的予以适当奖励，而对问题严重的予以重罚，而因文明施工的过程性特点，它们都必须保证实施的即时性，即要于检查不久或问题发现当日即将通知发出，并尽快实施完成，以能突显好与劣、突显监管方明确而坚定的态度，以使承包商及时知道对错、及时感受荣辱，也以此提高建设方于文明施工管理上的权威性和有效性。

五、进度管理中的相互关系

进度的重要性体现在实现进度目标的重大意义上，就建设项目的进度而言，它具有主线带动以及结果显性、责任复杂这两大特点：

1. 主线带动

无论是《项目管理知识体系指南》中的整体、范围、时间、成本、质量、人力资源、沟通、风险、采购九个方面，或是《建设项目管理规范》中的合同、采购、进度、质量、职业健康安全、环境、成本、资源、信息、风险、沟通、收尾十二个方面，进度都具有主线带动作用，即，其余各方面管理都须与进度相符合，同时，必须清楚地认识到进度是主线而不是主导，进度也绝非仅仅是进度管理的结果，它是所有各方面管理综合作用的结果。现在的进度状况是各方面现在工作的依据，即以目前所处实际进展状态为据来开展工作的；将来的进度状况以进度计划的方式体现，它是其他各方面制定各自计划的依据，但它同时又必须以其他各方面在相应时间具备相应条件为前提。

进度目标、成本目标、质量目标是项目目标中根本性的三方面目标，三者间的必然关联使它们相互调适而完成确立过程。这三个目标与外界制约因素一道决定了进度、成本、质量的一级计划，而它们的形成过程同时也是核验项目目标的过程，即通过反馈必要信息，去除项目目标中含有的任何不合理、不符合现实之处，其他各方面的计划则由对应的制约因素及这三个根本性计划所决定，同时，所有计划在最终确定前也必然存在着相互的调适过程，由此形成各方面的一级计划，其他各级各方面计划也以类似方式形成，如图4-9所示。

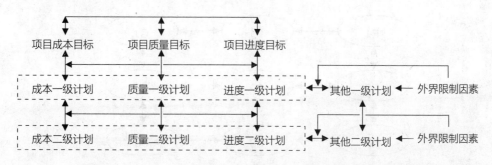

图4-9　进度目标、计划与其他方面目标、计划及外界限制因素间的关系

在以上关系中，进度与质量、与成本相并列，但质量随着时间的消耗而形成，成本随着时间的消耗而付出，因此，进度对这两方面仍是具有主线带动意义的。

对承包商而言，进度的主线作用还有另外重要意义，即进度款的拨付和项目资源的利用。进度款的额度由当时已完成的工程量确定，它的多少直接取决于进度情况，而就资源的利用来说，进度安排是否合理、各方面条件是否能按进度计划要求及时提供或及时满足，决定了承包商为完成任务而配置的各类资源是否能按进度计划顺利衔接、及时投用，从而决定了资源使用的效率和产生的效益，如果进度安排不合理或所需条件未按时提供或满足，必定会使人员、机械闲置，并使工程材料、设备搁置时间过长，这些都将导致严重的浪费，以上这两方面也都突显了进度的主线意义。

2. 结果显性、责任复杂

无论是EPC模式或是E+P+C模式，其设计、采购、施工的现时进展情况和进度状态都明确而清晰，这无论是就某一任务的完成情况看，或是就项目整体进度状况看，都是如此。但与安全、文明施工、质量所不同的是进度责任难定，尤其是在E+P+C模式下的项目或是在其他界面繁多、关系复杂的项目中，进度延误到底是承包商的责任还是建设方的责任，常不易判定，而这或是因为进度所及事项本身的复杂、繁琐或是因为进度决定因素过多所致。

就事项本身而言，建设方未按时间要求履行合同义务，致使进度滞后，其责任自然由建设方自行承担，而但凡是承包商责任界限之外的所有事项，都莫不是由建设方承担其责的，这或是应当由建设方做的事或是因为项目为其所有而承担结果的事，如图4-10、图4-11所示，实线是相应主体与建设方的责任界限，其内为相应主体责任，其外则全部是建设方责任。从图中可以看出，E+P+C模式较EPC模式有很多的建设方责任，与之相应的是，进度自然事无巨细地要将建设方的责任囊括其中。

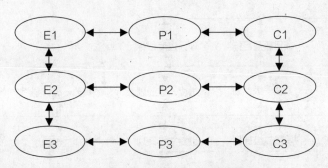

图4-10　大型建设项目中E+P+C责任边界图

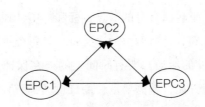

图4-11 大型建设项目中EPC责任边界图

如果承包商在进度上与外部界面少、相关工序少或相关工序间逻辑关系简单，由建设方承担其责的事项对工期的影响就相对明确，相应延误时间长短易于准确得出，因而能够与承包商的责任相分清，承包商就无法推卸应由它承担的延误责任。如果承包商在进度上与外部界面多、相关工序多且相互逻辑关系复杂，由建设方承担其责的具体事项对进度结果的影响程度就不易明确，因此而延误的时间也不易确定，承包商就相对容易地将本应由它承担的延误责任推给建设方，这在E+P+C模式下的项目中尤为明显，而如果这是一个由多个E+P+C合同模式组成的大型项目，如图4-10所示，界面就以几何倍数增加，各方的进度责任必定相互混淆而搅在一起，如再兼有建设方跨过职权边界深度介入，由此不断形成的新计划又将这种混沌状态形成之初的历史信息泯灭大半，就更难将各自责任分清了。

因建设项目在进度方面具有以上特点，建设方在进度管理上因此必须保证以下几点：

1. 目标及计划的切合实际

只是以单一的项目进度目标为视角，进度目标及进度计划要切合实际的道理众所周知，在此，还务必要注意进度目标与质量目标、成本目标的关联性以及在大型建设项目下各承包商在各进度节点目标、各进度计划之间应当具有的关联性。

项目进度、成本、质量三者间存在有必然的客观规律，进度目标必须基于这个规律而与成本目标、质量目标相互调适以形成有机的目标统一体，最终确立的每项目标都限制在使自身目标及其他两项目标均得以实现的区域内，如图4-12所示。

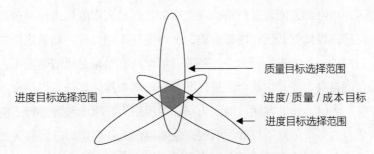

图4-12 进度与质量、成本三方面目标选择范围的关联性

　　在大型项目上，某个承包商自身的节点目标和进度计划必须和与之相关联的其他节点目标和进度计划相符，这有两方面含义：一是每个承包商的任何一项以其他承包商的活动为前提条件的活动都要有时间上的外在保证，如图4-13所示，为使承包商3负责的活动6及时开始，就需要承包商1负责的活动1按时结束；二是要确保各承包商各自最后一项活动完成时间也即各自的竣工时间或是紧密衔接或是统一一致，前者如活动9与活动8，后者如活动7及活动8，以保证整个大项目以最有效的方式按时交付投用。

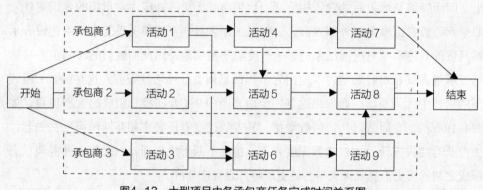

图4-13　大型项目中各承包商任务完成时间关系图

2. 合同可执行性和对权力边界的谨守

　　合同的可执行性是执行合同的基本前提，也是具有合同执行力的首要条件，无论是在进度方面或是在其他方面，都是如此。求其上而得其次的理念和做法在合同的设定和执行上是要坚决杜绝的，否则，必定丧失合同的法律意义，也使义务范围没有了清晰、明确的边界，从而使问题人为复杂化。

　　作为建设方，在进度管理上，尤要注意对方的合同权利以及自身的权力边界，不能贸然跨过边界而对承包商日常的进度管理过度介入或强行要求，这是界定责任的基本要求，也唯此方能通过严格执行奖惩条款而最大限度地迫使承包商形成足够强烈的紧迫感，以此促其强化内部管理，最终实现工期目标。如果建设方越过权力边界对承包商的过程安排强行命令，除非其后续所有结果足以清楚明了，否则，就模糊了承包商自身责任，它就会通过搅乱责任归属来推卸责任，当建设方的这种侵权成为日常行为时，建设方就可能因为责任难明而无法对承包商进行工期处罚和反索赔。当然，如果承包商项目部、承包商总部都已无任何能力进行有效管理而使工程将面临建设方无法承受的滞后，与此同时，现实情况又使建设方中止合同成本巨大而工程又难分割时，建设方强行介入承包商日常的进度管理中就属必然，自然，除非在介入前已将责任理清、已将结果认定，否则，将使得对承包商责任的追究更为复杂难行，这也意味着建设方放弃了按合同对这一承包商进行处罚和反索赔的权力，因此，这应当是在特殊情况下所不得不采取的措施。

　　3. 证据资料的收集

　　无论是承包商或是建设方，收集对方负有延误责任的证据，都是进度管理中相当耗费时间和人力的工作，但它也是一项必不可少的重要工作，对承包商而言，这是使自己免于不该承担的延误责任且能进行工期索赔、费用索赔的证据，对建设方而言，这是使自己得以驳回承包商索赔且能追究承包商责任、进行反索赔的证据。

　　进度责任辨识清楚、界定准确有赖证据的收集，而前者又是严格执行合同的基础，严格执行合同则是促使承包商自我强化进度管理、促使建设方积极履行合同义务的根本途径。对建设方而言，由监理方或项目管理方收集相关证据是它们责无旁贷的义务，而证据资料，第一类是建设方等义务履行情况的证据，如建设方所供材料的到场时间、进场验收及复验情况、不合格品的处理，或是由建设方承担其责的其他事项，如不可抗力发生的起止时间、其给项目各方所造成的具体不良影响。第二类是经审定的各类进度计划，计划一旦审定、批准，无论其中的任务完成时间是否合理，都成为建设方其后义务履行、也是责任界定的依据，自然，批准因承包商自身的延误而调整的计划并不等于对承包商责任不予追究，同样，承包商提交因建设方的延误而调整的计划，也不等于承包商放弃就延误事实提出的索赔。第二类资料因必定有监管方的审查使其收集并非难事，但需注意的是，承包商为推卸责任，常于计划中夸大建设方义务事项的紧迫性，将其要求的时间提前，从而给自己留出过多的时间裕量，对此如不认真审查或无足够经验而轻率批准通过，建设方自身就可能因此变得被动乃至承担了不该承担的延误之责，另一方面，建设方同样也希望给自己留出尽可能多的时间裕量，但它却体现在审批时对任务完成时间的压缩上，这两个方面因此成为双方间在进度上博弈、争执的一个主要内容。

　　4. 奖罚的严格执行

　　此之意义与其在安全、文明施工上的意义相同，自然，这同样也是在执行合同，尤其是在奖罚的时候。承包商如不满足合同要求，建设方即严格按合同约定让它对相应进度后果承担责任，从而迫使其内部自发、主动地满足合同要求，而在与进度奖罚相关的时间节点设置上，应前密后疏，以能通过及时的奖罚而给后续形成足够的警示作用。

合同工期的合理性是使奖罚发挥应有作用的前提，而奖罚本身也必须保证合理性，否则，都将适得其反。某个大型工业建设项目下的厂外供电工程，EPC合同模式，建设方单纯按工程量考虑而将工期定为半年时间，这对长输输电线路来说，是不可想象的，因为解决当地阻挠才是关键，建设方将此责任全部划给承包商，自己只负责将依照政府规定而确定的征地款及时拨给当地政府，而在设定拦标价时，对协调必定会发生的额外费用既未充分考虑又未单独列支，就此，合同的工期及处罚条款在现实中已丧失意义，建设方无法据此奖罚之，承包商也少了内在的紧迫感，工程多依靠建设方强行带动、大力敦促而行，项目历时15个月终得完成。

5. 均衡项目时间、质量和成本

在论述各方间的合作和冲突关系中，无法回避建设方如何处理时间、质量、成本三者间相互关系的问题。

在保证安全状态满足要求的前提下，时间、质量、成本对建设方具有最为重要的意义，而这三个方面相互间具有复杂的关系，建设方对这关系的认识和在项目管理中如何具体把握决定着建设方与承包商、制造商或供应商、监理方的关系，也左右着项目的成败得失，这种认识和把握首先体现在建设方所设定的项目时间目标、质量目标和成本目标三者间是否具有足够的均衡性。客观存在的相互关系是三个目标均衡的基础，三个目标的均衡则是三个方面相互关系的重要体现。

工程项目的建设，实质上就是通过资源的使用使项目产品逐渐形成的过程，项目在使用资源的同时也在消费时间，同时形成产品质量、发生工程成本。可用时间长短、质量要求高低在一定范围内决定了所用资源种类、数量、品质和使用时间，由此产生成本，质量管理本身也要使用或消耗资源和时间，而在形成项目产品过程中也同步形成产品质量，资源和时间的有限性形成了时间与质量的复杂关系。由此可见，三者通过资源相联结，除此，也通过构成工程实体的材料、设备、工程采购品而发生关系，三者关系如图4-14所示。

就时间和成本而言，它们具有U形曲线特征关系，如图4-15所示。在质量一定时，存在着一个与最小完工成本即 C_1 或 C_2 对应的工期即 T_1 或 T_2。在小于 T_1 或 T_2 的情况下压缩工期，完工成本将增加，且随着时间压缩成本增幅越来越大，在大于 T_1 或 T_2 的情况下延长工期，完工成本也在增加，但这是沿着斜向上而近乎斜线的方向增加，这与有人提出的直接成本在 T_1 或 T_2 点后近乎接近不变、间接成本随工期延长而线性增长的特点相一致。完工成本最小的项目工期，或难准确确定，但对图4-15中曲线底部平缓区间的大致范围却能较易估出，而在正常工作负荷和劳动强度下的正常工期

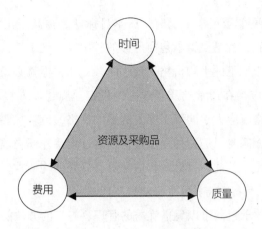

图4-14　项目时间、质量、成本三方面相互作用

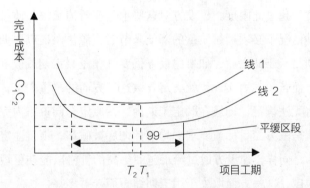

图4-15　项目工期与成本关系

也必定是在这平缓区段内。

就质量与时间的关系，其实已部分隐含在成本与时间的关系中。在图4-15中，当项目工期小于最低成本所对应的工期时，项目工期越为压缩，成本越大，这增加的成本中就有一部分是用于保持质量稳定的，如果在项目工期压缩的同时，成本却维持不变，质量必然降低，项目工期越为紧缩，质量必然越为下降。当项目工期大于最低成本所对应的工期时，虽然项目工期延长，质量自然越好，但因时间本已不显紧迫，这种正向关系并不显著，且随时间延长而越来越弱。

就质量与成本的关系，在前面即质量管理中的相互关系一节已有论述，不再赘述。由此，我们看到时间、质量、成本三者间紧密关联，这种关联性体现出了项目明显的系统性特征，并要求这三方面的目标相互间必须相适。无论工期或质量或成本，其目标的设定都必须依循这种关联性和系统性，并使三个目标间符合相适性要求，进而获得目标间的基本均衡。

当工期目标明显少于正常工期时，成本目标就必须高于正常工期下的平均成本，从建设方角度看，就是要给承包商足够的费用以实现工期目标。当建设方给承包商的价格比正常工期下的平均价格还要小时，工期目标就必须在正常工期范围内设定，质量目标也应当在通常的质量水准内设定。当建设方将质量目标设定较高时，给承包商的价格就应大于同等工期下的平均价格，也就是要给承包商足够的费用以实现质量目标，同时，仍要加强监管，以通过维持外部失败成本的必要刚性使承包商自觉提高质量。若此，目标间相适并具有良好的均衡性，项目得以顺畅、稳定地向前推进，项目目标也将扎实而稳步地实现。

不可否认，少数承包商可以凭借优秀的管理、先进的方法能以低的成本、高的质量、少的时间完成项目，同样的质量，它能做到成本更低、工期更短，但无论如何，都有一个限度，超过此限度，建设方对这些承包商所揽工程的质量要求就必须调低，因为在这种情况下必须通过质量的降低来节省资源、保证以更低的价格在更短的工期内完成项目。于此之后，如果建设方仍要继续压减工期或成本，就必定难以正常实现它们，而若要强力实现，就必定导致这三方面的严重失衡，承包商连基本的质量要求都将无法满足，即或在既定工期内、在原定合同价格内完成项目，已经毫无意义，这就是三方面目标或要求的均衡性彻底被破坏、项目注定失败的临界点，如图4-16所示。同样，建设方通过给承包商更高的价格以能在更短的时间内完成项目也有一个限度，这一方面取决于因工期缩短而受益多寡，这决定了建设方是否值得以越来越高的成本换得工期的缩短，另一方面，工期缩短本身也有限度，超过此，无论费用增加多少，承包商都将无法推动这畸形工期的实现，如建设方仍要强力实现它，同样必将严重损害项目产品的质量。

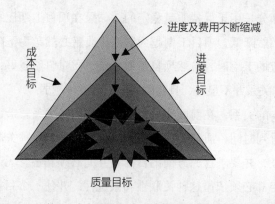

图4-16　时间、成本目标无度压缩使质量降低甚至项目失败

在我国的建设领域内，多年来存在的突出问题是建设方所定工期目标时间过少、所定成本目标值又较低，工期或费用不足以确保项目保质按期完成，这既背离了与供方的互利关系原则，不利于承包商等其他参建方，也背离了目标均衡性要求，最终使建设方自食其果。

当建设方为国有企业或地方政府时，进度具有的外在显性特征以及质量结果显露的时滞性常导致建设方的短视行为，这就形成了实际存在的进度第一，项目工期成为评判项目成功与否的最重要指标，在费用没有明显增加的情况下，设定的工期目标却越来越短，远超过了因为工机具及方法的改进、改良所能缩减的时间，由此对项目质量造成严重危害。

项目本身就具有未知性，时间、质量、成本三者间的关系及目标间的均衡要求，或难以具体量化，但是作为建设方，对这种客观存在的关联性及由此对目标间的均衡性要求，必须有足够清醒、深刻的意识和认识，并指导自身的项目管理，这是建设项目成功的必然要求。

第三节　案例

【案例4-1】全厂系统管廊施工承包商的教训

在北方一个大型工业项目上，承揽系统管廊基础施工的承包商以包代管，项目部管理力量薄弱。因技术人员经验不足，致使首批从外加工订货的地脚螺栓全部做错。因质检工作薄弱，而自检过程也几乎没有，又兼遇到冬期夜间施工，致使20余个混凝土基础跑模，基础纵向轴线偏差严重，基础中心与地脚螺栓中心严重偏离，最终全部返工重做。在这一施工开始时，过半装置的施工围挡已经安装，因管廊基础离装置红线不远，基础开挖前必须先将围挡拆除，而在还没设围挡的区域，装置红线附近的基础也正在施工，因此，施工方需要将施工作业面的提供与施工作业的安排有机结合，但组织施工的管理人员能力不足，致使无法连续、稳定的施工作业，或是作业面闲置而等人机，或是人机闲置而等作业面。与此同时，作为项目管理方及建设方，于施工安排上时常提出了各类具体要求，其中不乏跨过权力边界且是错误的要求，而承包商多是悉心听从。在工程结束时，最终的施工成本远远超过最初的预测。

案例分析：

这是个因为管理方面的人力资源严重不足导致各方面产生问题的典型例证。施工各班组都是成建制过来的，并且均是由技能成熟的人员组成，但因为管理力量不足，连基本的质量管理体系雏形都未形成，质量基本处于放任状态，从而导致重大质量问题时有发生，而质量返工又导致成本显著增加。同时，因为缺乏足够的施工组织经验，承包商对工程缺乏整体性的计划和安排，它就不会根据自身施工需要向建设方提出施工条件上的适当要求，而是盲目地服从项目管理方以及建设方的指挥。如果此承包商事后反思，想必他宁肯多花些钱而找到足以胜任的管理人员，也不会为了省些管理费而导致管理不善、施工成本大幅增加，他也就不会以能人难找来搪塞建设方提出的人员要求了。

【案例4-2】来去如风的文明施工

案例描述：

在北方一个大型工业项目下的循环水场工程，合同模式为EPCM，管理方为中国知名工程公司的下属分院，现场人员配备足以满足管理所需，施工承包商也并非小企业。在建设方强力抓文明施工的背景下，这一工程的现场却显现出"来去如风"的特点。每到例行检查的前一天或接到专项检查、有高层领导到场的通知后，现场都集中人力进行彻底打扫和清理，无论是区域的卫生状况、材料、半成品的摆放或是各类标识标牌、各类施工设置，都焕然一新而又规整有序。但检查一过、人一走，到第二天下班时基本就恢复原貌。

案例分析：

文明施工走过场的问题在此案例中表现十足。一方面，施工场地及所及区域不大，收拾较为容易，另一方面，项目管理方监督有力、施工方也态度良好，因此在检查时或领导到场时现场面貌一新，但是，文明施工并未深入到施工人员的日常行为、思想意识中去，而且也没有成为管理人员日常关注和监管的重点，无论是施工方或是项目管理方，都是如此，良好的现场自然也就难以保持了，即使保持的成本比这频繁的突击性活动成本要低、即使这种突击性的做法对施工过程本身并无多大意义，也难以促成文明施工的常态化。

从此例也可看出改变施工作业人员行为习惯的难度，同时也可看出，管理层自身对文明施工的正确认识和日常持续的监管是使作业人员养成良好文明施工习惯的基本前提。

【案例4-3】花费不菲的文明施工

在南方某一工厂的锅炉改造项目上，作为建设方，鉴于以往项目的教训，引入的施工承包商为电力建设行业知名企业。此施工承包商一进入现场，在文明施工方面即给建设方耳目一新的感觉，建设方就此专门组织了内部现场管理人员前去观摩、交流。此工地的文明施工自始至终都表现良好，堪称这一建设方各现场的典范，然而待工程结算时，建设方和承包商在费用上的分歧无法调和，矛盾越演越烈，乃至最后施工方诉诸法律。

案例分析：

这两方在费用上的冲突，其根源在于承包商的投入与它从建设方所得费用不相称，而文明施工的费用是其中的重要一项，因此此例既不能说明承包商文明施工过度，也不能说明建设方给的文明施工费用过低，更不能说明建设方付给的施工总费用低，但是，有一点却是明确无疑的：承包商在文明施工方面的花费与建设方所给的施工费用并不相称。承包商拿在以往项目上形成的经验和惯常做法对待完全不同的项目类型和完全不同的建设方，而作为建设方，也未曾考虑到这将成为与承包商冲突的根源。

在文明施工上，建设方未能清楚认识到高的标准、严的要求是有相应成本发生的，即使是一个在管理水准上并不低的承包商，当建设方给它的费用不足以让它在文明施工上有足够付出时，这标准和要求就如沙中建塔。在此例中，如果承包商当初能大体预测到结算时的状况，他的文明施工也就未必能成为标杆。作为承包商，在不同项目上的文明施工，自然要根据项目收益而决定应取的高度和水准。自然，它必须要保证达到一个基本要求，这与它自身管理现状、作业人员既有习惯、行为方式相关，也与它自身在此方面的提升要求和管理目标相关。对于必须动用额外资源、有明显额外支出的设施类，承包商应当根据这个基本要求以及从项目所得多少来决定是否做或做的标准高低，而对于只是与作业人员自身行为习惯相关的部分，在确定标准或要求之后，无论是作为建设方或是承包商，都必须有始终如一的要求、持续的监管和日常的引导，以能最大限度发挥出它的正面影响和作用。

对于这一承包商来说，还有一个教训，即管理队伍过于庞大。它仍是延续以往在成套热电装置上的施工模式来构建专职化程度甚高的管理组织机构，而未考虑到要根据这一技改项目规模组建一个精炼的管理机构，以能既满足管理所需又足以使每一管理者工作基本满负荷。

【案例4-4】两大集团在施工安全管理上的不同组织形式

案例描述：

有两个在各自领域都是首屈一指的大型集团，作为建设方，在两个同类大型建设项目的施工安全管理上，采取了迥异的组织形式。

A集团利用将成为工厂安监环保部"元老"的寥寥五人作为建设方施工安全管理小团队，它的主要工作是组织定期的安全检查、配合安全事故调查、监督监理的安全监管工作、入场一级培训、人员进场证办理。B集团在投资规模仅为前者一半的同类项目上，工程各方面的管理均是由下属工程公司组成的专业化项目部负责，就施工安全监管来说，在项目部内部，又分为项目组和QHSE监管部两个层级，人员数量在高峰时达到十余人。按照最初构想，监管部发现安全隐患，责令并监督项目组整改，其后，再由项目组经监理方而至承包商，与之相伴的是制定并实施纠正措施的要求，即查找产生的原因，进行深入的分析，消除问题的根源。但在实际工作中，部门和项目组、建设方和监理方的监管逐渐靠近，甚至部分地融合在一起，乃至有时监管部发现问题，直接与承包商通话，并提出整改要求。

案例分析：

A集团的管理组织形式可以说是传统的建设方模式，并且也与国家法律、法规对建设方在施工安全上的责任相一致，自然，他也通过监理的安全义务充分发挥监理的安全监管作用，而B集团自行加大下属工程公司的安全监管职责，并规定施工方人员伤亡视同自有人员伤亡。在这样的背景下，并基于对监理安全监管软弱无力的印象和认识，B集团下的工程公司组成具有足够监管力量的团队就在所难免，而这又造成了与监理监管范围相重叠的问题，监理作用也就越发微弱，如果再考虑到建设方内部又分为两个层级，真要依最初的设想实施，监管部的要求也好、信息也好都要经项目组、监理、EPC总承包三个层级后方到达执行、实施的主体施工承包商那里。这显而易见的弊端加上建设方自加的重任导致项目监管部会跨过多个层级直接与施工承包商通话。

A集团的那个项目最终不幸地发生了一次3人死亡事故，B集团的那个项目施工安全记录显著好于前者，这或许佐证了B集团花大力气进行施工安全监管的意义，但是，在如何充分发挥监理作用上，始终是令B集团的工程公司苦思不得其解的难题。无论如何，作为建设方，也本应当立足于建设方、监理方、承包商各自的法定义务来确定自己的施工安全管理机构及管理资源的配备。

【案例4-5】同一个施工队伍在不同施工任务上的不同表现

案例描述：

一家中等规模的以石化安装为主营业务的施工企业，内部分为数个安装分公司，各分公司都有自主承揽施工任务的权力，但都以这一企业名义对外签订合同。其中一个分公司承接了当地一家大型石化公司下属有机合成厂的火炬气管线改造项目，合同工期为2个月。建设方在敦促施工方的人、机到位并及时开工后，就仅在前期督促过承包商，其后，在进度上再少有监管。由建设方提供的焊接卷管已按计划时间提供，由建设方提供的其他条件也都按时到位。当距约定工期剩有20天时，依当时进度趋势，已难以保证按时完工，而此时建设方却仍未表现出急切心情，也未有敦促。在这一安装分公司的内部会上，分公司负责人明确要求采取一切必要措施全力保证按期交工，并说不能因建设方不催就掉以轻心，如待催时再动，就为时已晚了。施工方由此增加资源投入，并延长作业时间，最终按期完工。

同样是这一施工队伍，于次年在同一石化公司下属炼油厂的大检修中却产生了严重的质量问题。这家施工队伍在检修接近收尾时，被建设方发现在 DN150 工艺管道安装时未开坡口就直接施焊。如果这一问题不被提前发现，投用后的严重后果难以预测了。

案例分析：

就前一件事来说，结果责任完整而明确，实际竣工时间完全决定于承包商，如果延误，责任由承包商完全承担，结果标准即交工时间也明确无疑，作为施工方，也有足够的实力在整个施工期间保证施工资源的到位和管理的力度。对于工期拖延，合同中有处罚条款，无可推卸的责任和明确的要求使它具有完全的可操作性，更为重要的是，工期拖延将给施工方与建设方的良好关系造成伤害，而这种关系本是施工方最为重视并予以精心维护的。对于主要以关系来决定施工任务给与否的当时情境下，对这良好关系的伤害无疑事关重大，另一方面，施工方对建设方在合同执行上的严肃性也有足够认知，正基于此，施工方负责人透彻看到了问题实质，进而果断采取了有效措施。自然，对于建设方来说，除非因生产计划有变而无须在原定工期内完工，否则，基于工期拖延对自身的损失以及工期拖延的概率与监管程度具有一定的反向相关性，它应当对进度作必要的跟踪，直至做必要的督促，以确保风险始终处于有效可控范围之内。

就后一件事来说，显然不是不知的问题，工艺管道管壁厚大于2mm必须开坡口，这在安装上是常识性的要求。如此重要而又明露的工序，除非项目经理的授意，否则，没有任何一个作业人员会如此胆大妄为，而在事后内部的调查中，项目经理也承认鉴于工期的极端紧迫（此时离检修结束时间已近在咫尺），他授意如此来做。问题的直接根源在于这一项目经理最后的"不能"或"不愿"。在当时的情况下，在他调动资源的权力范围内，已无法按期保质完工，因此这是他的不能，但如果他当时没有将所面临的紧迫形势向分公司讲明，对内他就承担完全责任，因为他有责任如实汇报，但他却不愿如此。如果问题已向上反映，分公司也有资源可以增派或者可以通过其他途径使这一检修项目获得支援，但它却不做，那么，这就是恶劣的"不愿"问题，而若不是如此，在当时的情况下，它自身也必定面临"不能"的问题，但这也是它前期计划不周、组织不力所致；又因责任主体是其上级即作为法人的施工企业，因此，他应当向上汇报，并请求支援。在此，需要强调的是，作为现场的"全权代表"，项目经理可以以不能为由对内推脱责任，如果资源确实原本就不足且他事先已向上说清的话，但作为承接和完成工程的施工企业，无论是"不能"也好、"不知"也好，都不能成为他推脱责任的任何理由。

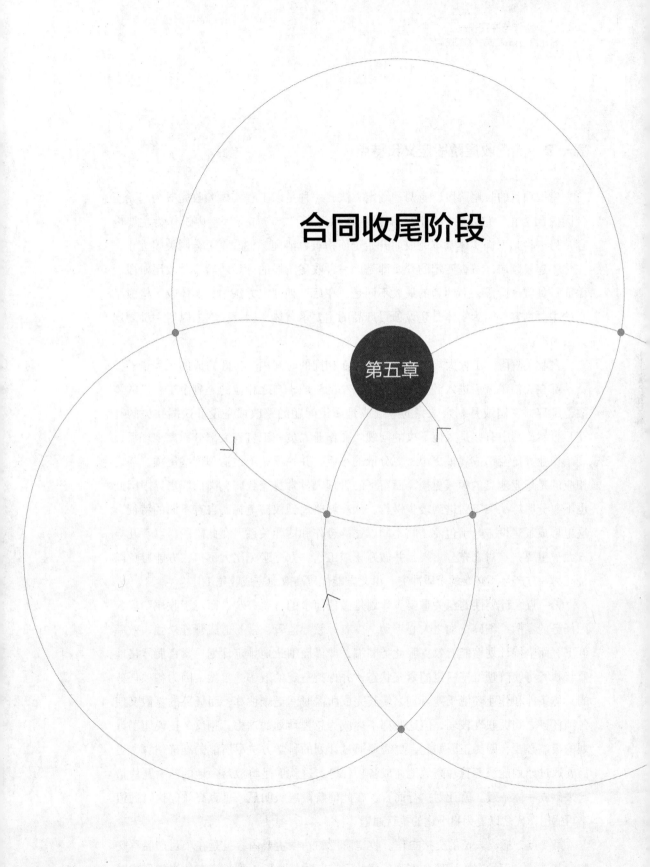

合同收尾阶段

第五章

第一节　合同收尾阶段定义和特点

　　建设项目的收尾阶段，有两种划定方法，一种是以工程实体验收完成为起始至合同关闭为止，它以资料归档、工程结算和决算、资产移交等室内工作为主要内容，另一种是工程实体基本完成而开始全面检查、清理、整改直至合同关闭为止，在化工建设领域，三查四定的开始即是后一种收尾阶段的开始。后一种收尾阶段涵盖前一种收尾阶段，而两者的最大不同是，在后一种划定方法中，实体收尾构成了它的主要内容。因为实体是建设项目产品的主要承载体，因此，本书以后一种划定方法为准。

　　在收尾阶段，工程大规模施工结束，在相同的时间内，实际完成的工程量、投资额都在大幅锐减后进入到平缓且量少额小的阶段，与之相应的是剩余工程量的零散、细碎，它们或是剩余未完的继续或是质量问题的整改或是设计遗漏缺失的补充，自然，其中有些是久拖不决的问题。在作业人员和工机具大部分撤离现场后，剩余作业人员会形成规模更小、更分散的小组，并一项一项地清理这些尾项，与之相应的是作业地点的频繁更换，而留下的管理人员常身兼数职，岗位职责界限因此也不再分明。从突飞猛进到缓步慢行、从攻城略地到蚁挪龟行，自有不同的特征，这也形成了建设方与承包商之间不同以往的合作和博弈关系。在此阶段，以下几点方尤显重要，唯对之充分重视，并做好相应工作，方能避免尾大不掉，方能避免与合同另一方产生不必要的矛盾冲突，由此方能优质高效地完成收尾工作。

　　第一点，计划性的至关重要。计划是做任何事的首要一步，而对于收尾阶段，因任务的零散、细碎，加之人心浮动、少有原领导监管，常易造成管理松弛、效率低下，而坚持计划性能有效克服此类弊端，严谨而细致地排定计划、紧密而严格地监督执行将使管理维持一定的紧张状态，并保持一定的效率。自然，因为各项任务的具体条件和作业环境千差万别，使其完成所需时间更难估算，而任务的零散又使各项任务之间关联性较弱，但这些都不能成为忽视计划的理由，相反，正说明了计划的极端必要，因为正因如此，更需要通过计划的科学方法尽所能的准确估算，更需要通过计划的统筹管理高效地完成各项任务，这就像是将散落一地的砖头瓦块拾起来砌成一体一般。就计划执行而言，在此前阶段层级明显、垂直高效的执行通道不再适用，代之以更为扁平化的执行通道。

　　第二点，撤离人员的交接工作。收尾阶段的一项主要内容就是在项目产品移交前对其进行全面检查、清理和整改，就此，它有时就需要追溯相应实体当初形成时的情况，同时，在收尾阶段，交工资料集中整理、各类与项目验收相关的报告集中形成，这些常需要回溯以往事项的具体过程，索赔、反索赔也在这一阶段集中处理或最终定案，这也必定涉及以往的佐证资料、当时的具体情况等，凡这诸多都莫不需要当事人的回忆以及相应信息、相应资料的提供，乃至需要所及各方当事人的对质，而项目人员又必定要陆续撤离，因此，每一位项目管理人员撤离前的交接工作就变得尤为重要。交接工作必须足够全面、细致，所有非个人的项目资料，无论是纸版或电子版资料或是影像资料都须经整理后向留守者移交，并形成交接清单和交接备忘录，同时，与撤离人员就其撤后作必要的约定，其中最重要的是针对那些只能由他本人继续完成的工作以及保持通信畅通、必要时重返现场的约定。

第三点，各成员的岗位职责。就留下来的管理人员而言，必定一人数岗，相互间的配合更为紧密，相互间也具有了更为良好的合作关系，但原有各岗位职责要合而不混，而且每个成员的职责仍要分明，以此确保各项工作仍然都有明确的归属。

第二节　收尾阶段的合作、矛盾和冲突

一、各方充分合作的必要性

合同收尾阶段，无论是对于建设方或是对于承包商而言，都意义重大，也正因此，双方间仍保持良好合作意义重大。

不同于以往的各阶段，在这一阶段，建设方人员需要深入到收尾施工过程中，这是因为在此阶段进行的全面检查是对项目功能能否满足建设方要求的全面核对和整体性验证，这也是建设方要求最后的明确和增补，它们构成了三查四定中设计漏项的主要内容，而对于装饰装修工程或其他对外观有较高要求的工程，它们的实施可视为项目产品在展示于人之前的最后一次美容。此阶段中的质量问题，或是新产生的问题，或是老问题但因没有紧迫性且又复杂难定而推延至今，对于前者，依常规处理即可，对于后者，则需要由建设方最终敲定是让步接收还是返工重做或是返修整改。对于生产性项目，建设方生产人员在此阶段了解装置最后的形成过程、熟悉装置操作并为投料试车做好一切准备。

这一阶段对建设方的重要意义使其深度介入成为必要，而项目产品使用功能是否最终实现、外在观感形象是否正如所愿，虽然在这一阶段对此未必能构成正面的决定作用，但却可能因为在这一阶段产生的质量问题而造成足够的否定作用。另一

方面，除非存在与这一项目建设无关的配套问题、市场不利问题、入驻过早问题，否则，项目早一日投用，项目目的就早一日达到，投资人就早一日获益，而如果事关抢占市场，则对建设方来说更是意义重大。

对承包商而言，这一阶段的首要意义自然在于它是决定其项目收益的关键阶段，各类索赔常在此阶段方最终确定是否获赔或获赔额度大小，各类签证、变更也常在此阶段做最后处理，而它们是承包商项目收益中的唯一可变量。此阶段对承包商的支出来说也并非无足轻重，如果在此阶段不注重管理，必定会使施工作业和各项管理工作松弛下来，由此产生低效和闲置的问题，同时，因为项目就此难以及早结束，使承包商自身的结算完成、余款获得、保证金返还滞后，除此，因建设方还未接收，它据此仍要不断完善而不断提出新的设计变更要求，如果承包商就此能获得足够利润尚可，但如果所得不抵成本，则无疑拖之越久，亏之越多。与收尾阶段对建设方的重要意义相近，对承包商来说，这一阶段将对由它形成的项目产品做全面检查，对于生产性项目的EPC承包商来说，最为关键的投料试车、性能考核也是在此阶段，因此，这一阶段也是承包商在项目结束后总结提升的源泉所在。虽然对承包商来说有以上这些重要意义，但不可否认的是，现在仍有不少承包商对收尾工作并未给予应有重视，与建设方所期望的更有较大差距。

无论是建设方或是承包商还是监理等方，收尾阶段的零敲碎打使管理在此阶段具有了更为决定性的意义，若仍沿袭工程高峰期的管理方式或者是被收尾阶段特点所惑，管理或监管就将或无章可循或松弛散漫，项目将会久拖不完，各方都将因此受损，相反，严谨而紧凑、细致而系统的管理或监管将使交付投用时间大幅缩短，而这唯有依靠各方的共同努力方能实现，正基于此，各参建方更需要相互间紧密配合、良好合作才能顺利完成这一阶段，从而使各方得益。即使是各方在对索赔最终处理中所不可避免的博弈，如果没有良好合作氛围作为基调以及承包商在这一阶段于质量和工期上的保证，也就没有了足以进行这类博弈的共同平台。

二、各方间的矛盾和冲突

在收尾阶段，各方间的矛盾和冲突在建设方处于正常状态和非正常状态这两种截然不同的情况下具有不同的特点和不同的处置方式。

就建设方的非正常状态来说，有两种可能情况，一种是建设方资金严重不足，致使无法按合同约定支付剩余工程款，一种情况是建设方本无诚信，或一以贯之或因项目中途法人更换，它以各种理由不再支付剩余的工程款，妄图借项目即成迫使承包商草草结账走人。

在第一种情况下，作为承包商，在处理与建设方的关系上，仍应当把握好合作与冲突这两个对立统一面。合作，即在对建设方情况充分、准确掌握的基础上，如能确认交付项目可使建设方资金情况好转，进而使自身能早日获得余款，则在自身可承受的风险范围内积极配合、快速完成收尾，与之相应的是承包商必要的资金垫付。冲突，如基于自身正当利益的维护而无可避免，就积极应对，其根本则是尽己所能地争取及早、足额地获得应得余款，而如建设方此时确无款可付，则采取一切必要手段，迫使其以诚信和合作的态度对我之被欠款有合适而明确的安排。

在第二种情况下，如建设方未中途更换，那么，承包商承接这一项目时即已种下苦果，而面对现有状况，对本无诚信的建设方，承包商自然要针锋相对，甚至不惜采取工程停建、占据实体、不交软件等挟持项目的极端做法，具体手段、方式虽然大相径庭、千差万别，但都是为争得最大的应得之利，直至最后对簿公堂。自然，如真要提起诉讼，就必须在此之前对得失充分考量，所得清楚明确，所失则是败诉风险及诉讼的成本，后者包括法院诉讼费、己方人员付出的时间和精力，因外界不知情使声誉受到的不良影响或为消除这不良影响付出的宣传费用。提起诉讼，是如果不如此必定有更多损失时的最终办法，而在诉讼不可撤之前，彼此双方仍处于对立博弈状态，此时，所有博弈都莫不基于一点，如不能给我之所要，你将有比它更大的损失，无论这损失真实与否，都是能让你充分感知到的。对方唯利是图，我方唯以利为器，方能免受其害。

在第一种非正常情况下，承包商挟持实体产品并不会使其增加多少优势，也少有因此而达目的的，在第二种非正常情况下，当建设方本无诚信而恶意拖欠工程款、拒绝数额庞大的正当索赔时，挟持实体产品的做法类似于被动自卫，却也不失为一种有效手段，但这种极端做法只能用在其他方法用尽之后。

就此需要强调的是，无论是建设方或是承包商或监理公司等，它们都有着能够容忍其他方的不同底线，我们可称之为合规之限，相互所为不能突破之，否则，合作全无而仅剩对立性的博弈，项目将因此寸步难行。合作以合乎彼此之规为前提，在此之上，彼此要形成长久的良好合作，还需要合乎对方之理，也即彼此的文化上要具有必要的兼容度，如图5-1所示。

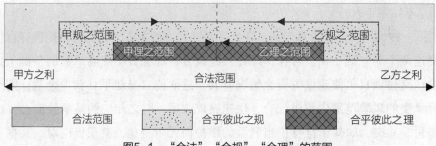

图5-1　"合法"、"合规"、"合理"的范围

　　各方在"合法"、"合规"、"合理"的不同范围内都存在着博弈，但博弈的平台却是在不同的高度，不同高度的博弈，彼此优劣势也各不相同，但随着高度的提升，博弈的良性逐层增强，合作互利的分量逐层加重。就此而言，承包商挟持工程的行为一旦突破了建设方的合规范围，即突破了它的底线，它就会采取一切措施反击，而如果此前它并无恶意拖欠，承包商就将理义尽失，陷于自身于最不利的境地中，因此，除非建设方恶意彰显，否则，承包商不能以工程实体要挟。自然，与建设方行为相应的，承包商仍可采取多种不同程度的间接的、隐蔽的方式以项目产品迫使建设方付给应得款，这些方式有时会落于建设方认为的"合理"范围外，但却要在其所认可的"合规"范围内。

　　非正常状态不常有，常有的只是正常状态。在正常状态下，虽然承包商与建设方在索赔等最终金额的确定上期望相反，但彼此间由此冲突的程度会被控制在双方都能接受的范围内，保持合作的必要乃至更为广大的前景和未来利益的考量成为控制冲突的基础。除此，正常状态还有另一表征，即索赔等在过程中的及时确认，对涉及金额不大、工期不长的项目，于过程中先确认相关事实并保留各类必要证据，在收尾阶段集中进行后续处理，未尝不是一种有效的管理方法，而对于为期数年的大型项目或外界不可控因素多、涉及金额大的项目，这种方法就可能会使大量问题堆积在收尾阶段，各方分歧、矛盾在此阶段就将集中显露，更为严重的是给承包商造成难以承受的财务负担，对此，就需要于过程中将责任分清且确定大致赔付额度，并随进度款支付，自然，这并非最终数额，更不应全额支付，但要确保剩余未付金额不足以影响到正常的项目建设活动。

第三节　收尾阶段各自优劣势态

在正常状态下，除非建设方还要等待外部条件而不急于投用，否则，在这一阶段，项目因交工在即而使它在时间上具有了越来越明确而显著的直观性，及早投用对建设方的重要意义以及建设方越来越强烈的紧迫感就成为承包商实有的优势，尤其是在可以通过承包商的努力使项目提前完工或减轻因建设方责任使项目延后的程度时。此时，承包商的优势就不再是建设方的劣势，而是转成为建设方更多的利益，若此，也就为解决诸多存在争执、分歧的索赔问题创造了良好的基础。

作为某种程度的被动接受者，承包商的主要优势在于利用收尾阶段特点使建设方获益进而使建设方将此收益与自身分享，这优势是否能得到足够发挥，一方面有赖于承包商的技术能力、管理水平以及相应的主动性、积极性，另一方面有赖于建设方具有足够的共赢理念，并将其转化为有效的合同约定、转化为具体的激励措施，而从这一角度看，这也莫不是建设方的优势所在。

建设项目是一个有待交付给买方的不动产，买方独此一家，项目也是一个定制品，但它是在买方地界内就地制作，而因为其复杂、庞大而需要买方自始至终不断地提出或明确要求、发出指令、做出决策，这在一定程度上导致了承包商的劣势。合同中对工程款支付的约定、工程款支付必然有的周期、因需要建设方的确认和拨付使承包商获赔的延后，这些都使承包商所得滞后，这些也就成为承包商劣势所在。

每一方优劣之势也都与彼此间矛盾及纠纷的状态、对方对此处理的原则、方法乃至具体做法有着必然关联，这也即是博弈互动的实质，好的例证是建设方以共赢为理念和原则通过妥当的激励措施使双方皆得优势皆得益，劣的例证就是建设方恶意拖欠而使承包商具有了拖延、挟持项目的正当性。

第四节　合同双方应有态度和应取做法

一、理想状态下

在理想状态下，矛盾、冲突非但不会在此阶段集中显露，反因过程处理的及时而使此阶段更为平稳、和缓。

过程处理的及时，体现在与索赔、与费用和时间承担责任相关资料的及时形成和及时确认上，如果外界条件允许，就及时而完整地处理索赔等，相应一切佐证资料都于此前形成并与索赔等其他资料一同留存，如果外界条件不允许，就要按先确认事实、后界定责任、最后核定额度的顺序先将所有相关事实资料及时形成、及时认定，后两项在此基础上另行完成。

　　过程处理的及时，更高的要求是就过程中发生的不利于项目的事实及相应责任方、消耗的相应费用和时间不仅能得到及时确认、核定，而且能获得相应补偿，而这需要两个前提条件，一是需要建设方持有双赢于过程中的理念，并具有如此处理的足够能力，这在大型建设项目中更要如此；二是需要承包商的诚信和实事求是的态度，承包商不可借此化整为零而多多虚报，更不可借建设方对进度的急切进行不当索赔，否则，建设方对此只能将与索赔等相关的事项放在最后阶段乃至拖至工程结束再集中做全盘把握和统一清理。

二、通常状态下

　　在通常状态下，费用索赔等在此阶段统一处理，这对建设方独有明显好处，工程实体接近完成而建设方欠于承包商，建设方由此更具有了博弈上的优势，自然，这优势限于一定范围、一定层次内，并避免因此给承包商造成无法承受的财务负担，与之相应的是承包商劣势的增加，而其所能做的就是积极配合，同时据理而争。

　　作为建设方，即使优势明显，但仍必须严格依据合同和事实情况处理索赔，而对于有着一定模糊性、介于应给、不应给间的索赔，就应当依据承包商于项目上整体表现的不同而待之迥异，或大方予之，这是一种嘉奖，也借此加深与优质承包商的关系，或坚决拒之，这是一种处罚，也是给建设方后续项目的承包商以足够的警示作用。

第五节　具体几方面事项处理

一、与生产人员的分工

　　就生产性项目而言，在收尾此阶段，更多的建设方生产人员与承包商有工作上的往来，为免给项目信息系统造成混乱，与承包商的正式工作接口仍须不变，各类正式信息及指令、计划等仍以原方式、原渠道传递。在建设方内部，生产人员与项目收尾直接相关的工作要融入原有项目管理工作中，并成为"三查四定"中"三查"的主角，"四定"中的时间要求及与生产准备相关的其他收尾安排由项目人员依据生产准备计划确定，它们也依然由建设方项目人员负责落实、跟踪、监督、协调，而生产准备计划则是由生产人员与项目人员根据总体进展情况共同议定。

二、质量、进度、安全和文明施工

1. 质量管理方面

在收尾阶段，承包商必定急于将人员、机具撤离，而这常会产生衔接问题以及兼职能力不足、后续施工力量不足问题，同时，尾项零散、细碎、点多面广，作业人员人心不稳、管理人员对收尾阶段质量不重视，这些都使得此阶段的质量不易保证，而此阶段却最终决定了项目产品能否圆满实现既定性能，因此，作为建设方，更需要强化这一阶段的质量监管。

为此，作为建设方，就应确保其他各方所留资源足以保证尾项质量。所留作业人员数量及技能要满足剩余尾项施工的时间及质量要求，所留技术、质量管理人员的数量及能力也要足以能对质量问题做妥善处理、对尾项质量进行足够强度的管控，同时，留下数量足够且表现良好的监理人员，以强化监理对尾项质量的监管，而在生产性项目中生产人员的全面介入既是生产准备的需要，也是建设方强化其质量监管的必要措施。

2. 进度管理方面

因为收尾阶段的自有特点，需要采取妥当方式强化进度上的管理和监督。在此阶段，进度计划制定既要细致无遗漏，又要有整体性和统一性。因为尾项地点分散，相互间也少有必然的逻辑关系，因此，在计划排定前，就需要详细了解各尾项作业条件及这些条件具备的时间，并根据已完类似尾项而把握、测算完成时间与所投入人力、机具的关系，由此，针对现有人员、机具而在空间上、时间上进行有效安排，使之在专业上符合技能要求、在时间上减少闲置、在空间上减少移动。

计划排定后，对其执行就需要更紧密地跟踪和核查，因为每个尾项的进展情况及对应的外界条件时时在变，因此核查的时间间隔必须更短，乃至形成日例会制度，通过此方式检查计划完成情况、及时掌握各项进展、落实后续实施条件、解决遇到的内外问题，并就此积极敦促，唯此方能紧凑、有序地将尾项一项项地完成，而如果不如此做，承包商或因为成本考虑或因为自身懈怠就会使尾项常存难消，而这对于生产装置来说，此类问题在中交后尤显突出。

3. 安全管理方面

在收尾阶段的安全管理上，建设方与承包商的关系涉及设计、施工、验收三个方面。设计方面是完善安全设施，施工方面是保证施工安全，验收是安全设施及时施工、调试完成并通过验收。

就设计方面，在EPC和E+P+C两种不同合同模式下，建设方与承包商之间的关系有较大不同。作为EPC承包商，基于利益考虑，有的时候在设计上是以满足基本要求为原则的，基本要求即国家强制性条文及基础设计中的明确要求。对此，建设方除核对详细设计与基础设计是否一致外，还要核对作为合同一部分的技术要求，如建设方的《设计统一规定》是否得到落实和满足，而它们多是更严格、更具体的要求，以从设计上完善安全设施。与此同时，生产人员常会在此阶段于安全设施上提出其他要求，如果它们未含在基本要求或合同要求内，且又非实现安全设施功能所必须，费用自然由建设方承担，就此，建设方项目部需要在提出变更要求前确认它的合理性。在E+P+C模式下，少有设计不足的问题，而针对生产人员提出的新要求，建设方项目部同样需要在提出变更要求前确认它的合理性。

就施工方面，与合同实施阶段相同，无论是承包商或是监理方或是建设方，在国家如此狠抓安全生产的良好氛围下，它们的根本利益是一致的，但承包商、监理或因安全专职人员撤离或因其对收尾阶段安全风险认识不足而导致施工安全管理上的松懈。对此，作为建设方，事先向承包商及监理方提出安全专职人员最早撤离时间要求，同时，依据收尾阶段特点，以确保安全良好管控状态为根本，采取有主有次、点面结合的方式，要求承包商确保其专职安全人员监管好重大危险源、重要环境因素、高危作业的同时，也要求其提高和发挥作业人员在安全上自我管理、互相监督的意识和作用，从而避免因施工点多面广造成安全管理上的真空地带，监理也应以此进行相应安全监管。除此，还要合理确定临时安全设施的拆除时间，并做好拆除时的安全监护。对承包商来说，如果这些临设所用材料有回收价值，自然希望早日拆除，否则，就希望在人员充裕时拆除，在这两种情况下，都常会有后续的零星尾项需要它们的防护。若过早拆除，就会使后续尾项施工面临更大的安全风险，为此，与这类施工必须以安全设施具备为前提条件的道理相同，建设方或监理方也要设定安全设施拆除审批制度，而不能任由承包商自行决定。同时，也绝不能忽视拆除过程中的安全风险，当已形成的工程实体足以作防护时，自然不存在风险，但是像管廊上安全绳、安全网的拆除等无疑是高危作业，为此，就必须对它们予以重点监控。

就验收方面，在此指建设项目安全设施竣工验收，当它是生产建设项目时，此项工作常由已将项目实体接管的生产方负责，作为建设方全程负责项目的项目团队，此时要做的就是积极配合，并负责对验收前安评机构所查问题及验收时发现的问题做妥当处理。除非所提问题实质上并非问题而无须整改，但却需要与提出方充分沟通外，对其余部分，则由建设方项目团队组织相应设计方、施工承包商或EPC承包商及时完成整改。至于整改费用的承担，在E+P+C模式下，除非是施工质量问题，否则，由建设方承担，而在EPC模式下，则由EPC承包商承担。

4. 文明施工方面

在此阶段，文明施工的重点是尾项垃圾清理、临设拆除及由此产生的临设垃圾清理。

尾项垃圾的清理，是实体移交前承包商所必须完成的，因为移交时间近在咫尺，承包商有足够主动性做好此项工作，但要注意随着项目交付投用的临近，那些重要的项目干系人常会频繁到场，此时，保证项目现场最后的良好外在形象不无重要意义，因此，除非涉及较大的返工，否则，此项清理要尽早来做。

对自建临设的拆除，承包商也有足够的主动性来做此事，但作为建设方，要基于实体移交和投用的时间安排向承包商及早提出明确的时限要求，并在明确剩余尾项的基础上，要求承包商在临时拆除后所留机具、材料、人员足以满足施工所需，由此使承包商有足够时间做好清理和转移工作，这实际上也是双赢理念的一种体现。对于承包商留下的机具、材料，常需要建设方就近指定其他地点存放，对承包商留下的人员，则依据合同约定，或是仍由建设方提供住宿或改由其承包商自行解决。无论如何，临设的拆除、撤离要在建设方统一的安排布置下，做到有序、高效、整洁。

三、设计、采购、施工件间的协调

在收尾阶段，与零散、细碎尾项相应的是对设计、采购、施工三方面紧密配合的要求。设计问题的解决首先是进行设计变更，其后是材料、零部件的采购及随后的施工，而收尾阶段大量存在的各类调试需要通过采购渠道联系厂家安排人员及时到位，剩余尾项的施工及质量问题的处理则需要相应零散材料及时到场。无论是设计、采购、施工哪一方面的问题，在收尾阶段，都需要在尽可能短的时间内解决，而只有这三方面相互间紧密配合才能做到。

在EPC模式下，设计、采购、施工间的协调属EPC承包商内部事务，作为建设方，无须深入到其内部的相互关系中，只需要跟踪整体进展并予以必要敦促即可，而作为EPC承包商自身，因为尾项的细碎、繁杂而使得设计、采购、施工三方面关系繁乱，但也正因此更能彰显自身的管理水准、更能锻造自身的管理队伍。

在E+P+C模式下，建设方必须结合此阶段特点对设计、采购、施工进行深度管理，为此，建设方必须在设计服务、厂家服务、材料采购、施工安排方面实行不同以往的管理方式，以既能保证它们各自的效率，又能保证它们相互间紧密衔接，如其不然，项目必将走走停停乃至停滞不前。就设计漏项或设计不完善而言，虽然它们多是外观上或操作上的问题，但却正因此数量不少，又因为此时实体已基本完成，设计问题的处理常伴有现场返工，单纯设计上的考虑并不能妥当解决问题，更兼有设计各专业间存在的关联性，为确保问题得到及时、有效、彻底地解决，建设方就必须敦促对应的设计人员及时到场。设计变更一旦确定，下一步即是材料采购，这些材料大多种类多、品种杂、数量少，这给建设方的采购增加了难度，而随着尾项的成批清理，后续材料的及时到场日显重要，如不能保证这一点，交工时间必定延后。作为建设方，如现有采购制度、采购渠道无法满足时间要求，则或是建立适用于此阶段的独特采购制度或采购渠道，或是直接委托承包商采购，除此，别无他法。在一大型央企的一个生产性项目上，因建设方所有采购权力都收归集团，作为E+P+C模式的各项工程，即使是不足万元的材料，从提请购买到实物到场，至少需要半年之久，此等蜗牛般的速度，连正常的施工需要都无法满足，又如何能满足收尾阶段的特殊要求？

　　无论是EPC模式或是E+P+C模式，各施工尾项的时间安排自然是以材料预计到货时间为据，但对于无法就近购买的零散材料，因为常不是专车发货，预计到货时间与实际到货时间相比偏差甚大，对此，除要紧密跟踪以能及早消减偏差外，还需要在计划安排上给相应尾项以更大灵活性，以能有足够的调整余量来保证尾项清理有序而紧凑，进而使收尾工作在整体上仍保持一定效率。

四、工程款拨付及后续索赔、变更处理

　　工程款的及时拨付是建设方的主要义务，建设方不能违背合同约定而押款不放或以此不当地获取博弈中的优势地位，而在项目竣工后，各类押金、保函、保证金也必须及时返还或及时释放，自然，于此之前必须将剩余罚款或剩余扣款扣完。对于在收尾阶段发生的索赔，因项目结束在即，建设方需要及时处理完毕，而在这一阶段如有合同变更，建设方必须尽快办理完毕，如果正常程序无法满足时间要求，就必须建立紧急通道，以能及时审定和批准，由此方能及时实施、及时结算。

五、收尾阶段交接手续的办理

　　单就工程实体来说，收尾阶段的终点也就是整个项目竣工的日期，也是实体照

管责任移交之日和缺陷责任期开始之日，它既有足够的象征性意义，也有足够的现实意义，因此，实体责任移交清单、竣工证书等就此要及时办理完毕，而就资料归档和结算工作来说，自然还时日多多，直至归档及结算完成后，收尾阶段方正式结束。

第六节　案例

【案例5-1】E+P+C项目的进度追责难题

案例描述：

在南方一个大型工业项目上，厂区内的各单体建筑工程均采用的是E+P+C合同模式。设计方均是国内一家在行业内迅速崛起的知名工程公司，在采购上，举凡各类动静设备、重要的电仪、电信设备和材料均由建设方提供。

这些单体建筑，在施工上的进展情况大多相近，基本都是建筑主体结构突飞猛进地完成，即显著慢下来，即使将主体结构形象进度明显这一因素考虑进去，也仍是如此，因为与同等规模通常具有的进度相比，后续工序进展也明显缓慢。这既是因为承包商人力资源未及时更换到位，也是因为施工图滞后及必须做出的设计变更迟迟未出。此后，督促施工方上人、督促设计图纸和设计变更就成为建设方在进度管理上的主要工作。再后来，建设方负责采购的设备、材料严重滞后问题日益突显。有时，施工资源已就位，却要等图等料等设备，承包商就此会以撤人"威胁"，以期能够有所促进，在建设方项目人员的敦促下，设计进度因此会有所加快，但由集团采购的设备、材料却仍然按部就班地走流程，承包商有时会因无法等待而先将人撤离现场。最后，承包商对建设方敦促上人也不以为然了，它要观望良久，确认具备了足够作业条件后方再上人施工，最终，这些单体建筑的竣工时间严重超前。

在这些单体建筑中，中央化验室的施工与以上情况不同，即在建筑结构施工完成后，无论是在后续施工开始的初期或是后期，在所有条件都早已具备的情况下，承包商作业人员却仍会长时间不到场。

案例分析：

在此例中，建设方和承包商两方的进度责任似乎难分伯仲，但是如果承包商完全按建设方要求及时将所有施工资源配备到位，那么，一旦遇到外在条件不具备这些资源就只能长时间闲置，承包商就此提出索赔的话，这将是一笔庞大的数额。除了像中央化验室那样其承包商人力资源原本就极端匮乏之外，其他建筑由承包商所耽误的时间早已被建设方因采购所导致的滞后工期完全覆盖，自然，这也并不能以此免除承包商因未履行义务而应承担的责任。

因采购及设计条件如此频繁断续，承包商自然要在人员、机械的调集及进场上慎重从事，这是一种合情合理的自我保护。外部条件上的断断续续，也使承包商、建设方各自的进度责任难以清楚划定，随着工程的进展，这种状况越发严重，而在项目后期，建设方的采购问题已成为所有单体建筑在进度上的根本性制约因素，因此而导致进度严重滞后，或达半年或达一年之久。也正因此，除了结构施工的滞后以及承包商因资源无以为继而有明显可证的责任之外，作为建设方，确也不必也不可能细致追究承包商的责任了。

【案例5-2】两个项目电信系统的调试

在由同一个建设方先后建设的相同类型、规模相近的两个大型工业项目上，电信系统收尾所费时间有明显差异。

在前一个项目上，虽然也有统一的协调管理，但属于全厂系统部分和属于装置部分在电信调试时仍少有统一性，而在电信尾项清理、尾项整改上更是各自为政，在项目投料试车结束半年之后，项目电信系统方才彻底完成。

在后一项目上，全厂电信系统的大部分尾项完成后，鉴于前一项目的经验教训，建设方项目部决定由负责系统工程的项目组统一组织、安排包括所有装置、单体在内的局部调试和系统整体调试。负责各装置、各单体的项目组要保证剩余尾项在相应调试开始之前完成，而调试计划则是根据各承包商经项目组上报的尾项计划而制定的，形成了以调试计划倒逼尾项按计划完成的模式，各项目组由此紧盯尾项完成进度，并及时督促承包商。在正式调试开始后，建设方项目组每天组织日例会，核查当天调试进展，确认第二天调试准备状态，并形成状态表，发送给各相关方、各相关人员，抄送项目领导。在项目投料试车完成后的两个月时间内，这一项目即完成了电信系统的所有调试。

案例分析：

此案例说明了在各承包商界面上的及要求具有全厂统一性的收尾工作中，建设方应当起到的关键作用。与建设方具有合同关系的各承包商之间的交界面，正是建设方的职责所在之处，建设方在此具有传递、组织、监督的义务，而这种界面越为繁杂、越具有内在的统一性，就越需要建设方深入、全面、统一的管理，而这些界面上的事项进展程度也就越发取决于建设方在这方面的管理效率和管理质量。对于涉及所有装置、单体的全厂电信系统，它收尾的进度更有赖于建设方统一管理的水平和力度。在后一项目上，建设方采取了这种反向促进手段，并以各承包商、相应项目组承诺的尾项完成时间作为下步总体计划安排的依据。因为涉及各集成商、相应厂家的配合，涉及所有其他装置、单体、系统的后续进展，因此，总体计划具有了非同寻常的严肃性，装置、单体的各承包商由此强化了收尾工作，配足资源，从而确保了收尾阶段及时结束。

【案例5-3】全厂道路及人行道的交接

案例描述：

与其他大型建设项目的安排相同，在南方的一个大型工业项目上，全厂正式道路施工早早开始，并在相对集中的时间内分批完成、分批投用，最后，仅剩下少数几处因附近装置施工而无法施工的路段。虽然各道路在投用前进行了验收，各方对发现的问题也形成了一致意见，但并未形成验收记录，更未办理交接手续。其后，剩余未完的路段施工完成，人行道与之同步完成，建设方项目部统一组织了一次全面验收，形成了尾项清单，但此时仍未办理交接手续。再后来，尾项清单中的问题断断续续地进行了整改，一年之后，剩下的三两项问题因整改困难且不影响正常行车而未做，建设方项目部也未再督促。待这一项目开始分单元向建设方的生产单位移交时，建设方项目部又组织了包括生产单位及其物业公司在内的各方人员对道路及人行道进行了验收，此时，距道路交付使用时已过了两年时间。验收后，生产方将物业公司整理而成的问题清单递交给项目部，后者对所列问题的细致颇有点吃惊，生产方随后签发了实体移交证书，但将问题清单作为遗留问题放入证书的附件中。

案例分析：

虽然工程也有保修期，但它却与施工建设期截然不同，而在通常情况下，交接手续的办理就是两个时期的分界点，与此同时，基于保修期具有的时间性，这些决定了交接手续办理的重要意义。

此案例中，无论是施工方或是建设方项目部，显然对交接手续办理的意义认识不足，而建设方的内部分成为项目部和生产单位，又使这种认识上的不足产生了更为严重的不良影响。

虽然依据法律规定，建设方实际占用或使用也即视为实际的交付，除非是此前已得到确认的质量问题或者是有证据足以判定是施工质量问题所致，否则，对实体后续发现的问题，施工方没有免费修复的义务。作为建设方，在问题上升到法律层面之前，应当履行自身职责，分批验收、分批接受、签批实体移交手续，而验收时发现的所有剩余未施工的及应改的质量问题都应作为未完项列入其中。对这些未完项，在交接后仍是建设方进度管控的重点，而待它们完成后，其所对应的实体方开始计算保修期，而对交付后方发现的问题则属保修期内所发现的，与之性质迥异。

　　为保证建设方项目部与生产单位的一致，每次交接验收都应当有生产方代表参加，而不是在经过漫长时间后，再由项目部统一向生产方移交，否则，就会在施工方与项目部、项目部与生产方所确认的问题上，存在不一致。如果生产方此时相应机构还未建立或者生产方以项目仍处于施工阶段为由拒之，则就应当由建设方项目部单独接受，并另找队伍负责看管、维护直到交付生产，即使队伍仍然是原来的道路施工方，但也要与施工责任泾渭分明，重签合同，并支付维护费用给后者。

【案例5-4】全厂地下管网漫长的收尾

　　案例描述：

　　在北方一个大型工业项目下的全厂地下管网工程，为E+P+C模式。在合同工期到来时，除了井筒标高需待周边地面成型后调整以及井内清砂外，所有图纸内的施工任务都已完成。在工程验收通过后，无论是施工方、监理方或是建设方，都长舒了一口气，因为当地的地质条件使得这一工程收尾阶段费尽周折。此时，没有一个人能预料到后续零散施工又持续了两年之久。

　　验收通过后此工程之所以又持续了两年，首先是因为其后零散而持续不断的设计变更，这多是因应装置的要求而作的修改，也有一部分是补充设计遗漏或是纠正设计错误。其次是因为质量问题不断被发现而不断整改，其中少数是属于施工质量问题，但多数是由其他承包商在附近作业时给地上设施或地下管道造成的损伤，而除非抓到现行，否则，作为肇事者的承包商从不主动承认，又鉴于在施工过程中已经发生了PE管被回填机械损坏的问题，虽当时都已更换，但为保证万无一失，建设方又安排施工方对所有PE管线逐条进行了带压试漏，由此也发现不少破损处。除此，还有像污水管道被堵而清理疏通这样类似于保运维护的工作。这些零星施工不仅使承包商的施工成本显著增加，而且也占用了建设方管理人员的大量精力。

　　案例分析：

　　对施工方来说，设计变更的责任在建设方，对建设方来说，责任或者在总体院也即全厂地下管网设计方或者在装置院，而问题的根源或者是因为其中一方给另一方提的设计条件发生变化或者是因为设计条件提出时间严重滞后。自然，这设计变更的责任也可能在于建设方自身，或者在于它未尽组织之义务或者在于它提出了新的设计变更要求。就此而言，建设方要依据责任的链环逐项追查，弄清每一项变更的原因所在，以能对失责的设计方予以惩戒，并使自身汲取教训，提高自身的设计管理能力。

就全厂地下管网被损坏问题，建设方在安排原施工方修复的同时，也应当查清是哪个承包商所为，如查到，即予严惩，而如无法查到，就应由建设方承担修复费用。虽然工程实体在移交给建设方之前施工方有义务看护，但全厂地下管网遍布公共区域，而地下管道在施工完成并隐蔽后，也常会有其他承包商在附近施工，如果他们在开挖或回填时伤到管线，通常都会立即掩埋，其他人难以觉察，因此，除非合同明确约定施工方的巡查看护责任或者有确凿证据证明在管线隐蔽后附近没有被开挖，否则，就与施工方无关，因为隐瞒前都已通过各方验收。对于井盖井筒、地上消火栓等地上设施，它们显露在地面上，施工方能够及时发现被毁情况，但鉴于建设方对各承包商在公共区域作业具有的管束责任，如无法追查到责任方，建设方就需与施工方共同承担修复费用。作为建设方，也有责任在地下管道主体完工后，将隐蔽情况通告给相关项目组、承包商及监理方，并就此强调承包商保护的责任和监理监督的义务，但凡对跨过红线而在公用区域作业的，都要严格按程序审批动土证，并严格监督，一旦发现未办证即开挖的、未按动土证作业的，就严惩不贷，这才是应取之道。

【案例5-5】承包商在合同收尾阶段的良好表现

案例描述：

在一个国家首套煤化工项目上，具有核心技术的MTO装置由石化行业数一数二的工程公司承建。在工程收尾时，所有管理人员一个未减，同时，由总部及早派来了配合试生产的人员。其各项工作由此得以平稳、有效、迅速推进，最终提前了半个月中交，而这在进入到收尾阶段前是难以想象的。其后，它作为国家示范性的项目一次投料试车成功。

案例分析：

虽然是首套装置，对于这一承包商自身也意义重大，但这个案例突显了一个道理，即作为EPC承包商，其管理力量决定了收尾阶段各尾项清理的质量及进度。

合同纠纷及索赔处理

第六章

第一节　纠纷的几种不同原因及其处理

如果不考虑执行问题，那么，一切的合同纠纷都可归集在以下四种原因中：合同对某类事项中的各方权利、义务、价格未有约定；合同内容本身相互间不一致；合同约定对此事项重新谈判；因事实不清而责任难明。

一、合同对此无约定

在此种情况下，合同无约定，也无法律、法规、规范、标准可依，对此，就需要彼此双方通过谈判协商解决。因无约定，合同本身就不会对此构成具体约束，但因为在合同谈判阶段乃至此前的招投标阶段，双方已就各方基本的或常规性的权利、义务进行了适当沟通，在一定程度上达成共识并落于合同中，这种共识以及那基于互利而对类似或相近事项的约定所体现出的理念、思路、原则、方法都未尝不能成为处理此类事项的基础，而当合同中少有这类可为我所用的基础时，自然就需另起炉灶，此时，如果事关重大利益，又兼此前建设方的"恃强凌弱"，承包商就可能不为承接后续项目考虑而凭借此时优势报以不合作态度，由此迫使建设方做出让步。

合同无约定，双方应就所及事项的权利、义务及质量、费用、时间等要求在双方都能接受的区域内达成一致，从而形成附加协议。重新谈判，在基于双方各自现状的同时，也应当以以下两项作为其基础和依据：一是行业内普遍认同的道理或处理原则，其中最具代表性的是由行业协会或国家部委颁布的合同范本；二是为前者所大力借鉴的FIDIC条款。

作为建设方，重新谈判更需要充分考虑到对方利益，并对随着项目进展而增进的互信和合作关系善加利用以实现互利共赢，而若复以利益对立的态度待之，就此寸步不让乃至压价过低，就将引起对方的强烈反弹，乃至或拒绝任务或索要高价。若此，建设方或被迫妥协或以高价另委他人，与此同时，对已形成的稳定的合作关系也造成大的损害。作为承包商，对博弈的优势和合作的必要也要有清楚认识，既要争得自身利益，也不能趁机谋暴利，除非建设方足以"恶"至后续再无必要合作的程度，而如果真是如此，承包商也不可无度，这或基于它自身组织的价值观或基于建设方对之必然具有的约束力。而如建设方本为"善"，更不能借机谋暴利，否则，将丧失一个优质的潜在顾客，乃至使自身因获得恶名而丧失更多的潜在顾客。

二、合同内容不相一致

这种情况与前一种的区别是并非无章可循，但却章法错乱，同一合同中对同一事项却约定不一致。对此，处理原则首当是在矛盾的两处中选择其一。如其中之一对合同双方都最有益，自然选定此执行之，如图6-1中$a_1 \geq d_1$且$a_2 \geq d_2$，但更多的情况是，对合同双方而言，矛盾处利弊、大小正为相反，如图6-1中$a_1 > d_1$但$a_2 < d_2$，在这种情况下，有五种处理方式：第一种是以合同本意为据、依合同其他相关内容选取与它们保持最统一的内容；第二种方式即是以业内通行道理和惯常做法为选定标准，这与合同无约定而重新谈判的依据相同；第三种方式是由合同内容提出方承担责任，由另一方选定，而若相互矛盾的内容由合同双方分别提出，则以先提出的内容为准，因为后提出者有义务发现彼此的矛盾；第四种方式是基于双方对合同审定时同等的疏忽而采取折中方法，即将矛盾的内容取均值用之，两方各兼顾一半、放弃一半；第五种方式则是完全抛开合同而重新谈判。

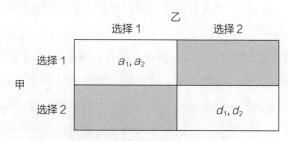

图6-1　两种选择时的利益比较

以上五种方式，首选第一种，即因为合同中其他内容具有的佐证意义，也是因为在这种情况下，保持统一性常是双方共同利益所在，当然，如果因此而延续既有的较为严重的不公平，则另当别论；第二种方式最为公平，但前提条件是，相矛盾的内容之一符合业内通行的道理或惯常的做法，当第一种方式存在较严重的不公平时，这第二种方式就成为首选；因合同文本初稿常由建设方提供，自相矛盾的责任者常是建设方，因此，在第三种方式下的选择权通常不在建设方，也正因此，只有当建设方有了与供方互利的意识和理念时，这一方式才可行，而当相矛盾的内容由合同两方分别提出时，后提出者常不是建设方，建设方据此会要求以此种方式解决，合同另一方将自食其果，自然，在这种情况下，如果合同中还存在着其他自相矛盾处且它们均由建设方提出，那么，就必须将它们的选择权交给另一方；第四种方式的前提条件是相互矛盾的内容和所及利益可以折中；第五种方式虽然也显公平，但效率或为最低，甚至项目会因此被延误，除非涉及重大利益，且双方就以上四种方式无法达成共识时，方以此种方式解决。

三、合同约定重新谈判

这种情况虽与第一种情况类似，但它事前即已约定重新谈判，因此，这其实并非是问题，自然，重新谈判过程中也常会产生纠纷，而处理方式与第一种情况也无所不同。在此仅需强调的是，当重新谈判的情况已经存在，但在合同中没有说明此时本合同不再有效，则除了要重新谈判的内容外，合同各项内容仍然有效，也正因此，在合同中必须对重新谈判内容予以明确的范围约定。

四、因事实不清而责任难明

此问题的根本解决依靠证据的收集和举证，在此，举证的责任与法律上的举证责任相同，但不是给法官而是给合同另一方举证，合同对此必然有所约定，但其本身源于法律法规，合同约定必须与后者一致，因此，在这方面的最终依据仍然是法律法规的要求。

无论是承包商或是建设方，除非放弃向另一方的索赔[①]、反索赔[②]或完全认同另一方的索赔、反索赔，否则，就都有举证的责任，如果它的举证不足以驳倒此前另一方的举证，就理应承认另一方提出的索赔依据。为此，作为建设方，务必要清楚承包商可能索赔事项的事实情况，并收集、保存相应资料，而在审定索赔时，无论涉及金额多少、时间长短，都以准确确认事实和正确理解合同为原则，而不以驳回对方索赔为目的，这即是严格执行合同的需要，也是公正对待承包商的需要，因此也是维护自身项目利益和长远利益的需要。

第二节 纠纷及索赔处理的通常要求

一、及时通知、及时确认

建设项目的独特性决定了向对方及时通知、对方及时确认的极端重要性。对索

---

① 按索赔的固有定义来说，设计变更不涉及索赔，工程签证未必等同于索赔，但在此泛指承包商向建设方提出的增加费用、延长工期要求的行为。

② 在本书中，反索赔采用国际通行概念，专指建设方对承包商提出的索赔要求。

赔或反索赔资料必须在限定的时间内通知对方、对方在限定的时间内认定。如通知时间超过时限，索赔或反索赔不再有效，如认定超过时限，索赔或反索赔自动生效。

这种对及时性的要求，首先是为保持对事实有足够的可追溯性，项目本身是一种过程性事物，无论是实体或是软件，无论是项目产品或是项目管理，都日新月异，对索赔、反索赔事项如不及时认定，就会因过时难明而纠纷丛生；其次是为及时作下步安排提供充分依据，对时间索赔的确认实质上等同于对时间节点、进度计划作适当延后的调整，除非是建设方对时间节点的要求仍维持不变，而在这种情况下，就必定有赶工费用的发生和补偿；再次是在资金计划方面，当时间索赔、费用索赔数额颇大时，只有对其及时审核、认定和赔付，方能通过进度计划、资金计划的同步调整避免与现实情况脱节，避免各方面临资金瓶颈、避免建设方资金积压，这都是精细管理应做之事；最后，及时通知、及时确认也是相互责任的及时明确，如同顾客意见及时反馈对及时改进产品具有重要意义，建设方是承包商等其他参建方的顾客，承包商等未尝不是建设方的顾客，是接受、使用建设方履行义务所得结果的顾客，而索赔、反索赔是一种对对方未履行义务最为强烈的意见反馈，它们的及时提出和限时确认必然能够促进、提升各方履行义务的主动性，并能够及时杜绝对方的侥幸心理，同时，也能避免因双方对立情绪的积聚而使矛盾升级，避免因为这些利益问题久拖不决而使双方陷入囚徒困境直至最终使项目无法正常进行。

从合作共赢的角度出发，这种及时性的要求，也含有预警的意义，即承包商或建设方一旦发现导致向对方索赔或反索赔的事件时，均应尽早向对方发出警报，并共同协商，以采取相应措施减少损失。

二、依理而行、理势并用

依理而行，这理有两种含义，一是合同之理，此意即是要严格执行合同，即使是不合理条款，合同一旦签订，也唯有依此而行，这是保证合同严肃性、权威性的必然要求，但也正因此，合同必不可过于偏失，否则，或因严格执行而使双方矛盾激增，或因疏于执行而使合同丧失严肃性、权威性；二是合作共赢、维护共同利益之理，对合同未及事项及合同本身问题的处理解决必须以此为其根本原则。

理势并用，这势即是建设方本身既有之势，也是建设方有意制造之势，尤其是在双方处于对立博弈状态时，既要展示建设方既有的权力和优势，也要展示建设方在相应问题上的明确态度和坚定决心，此时，内部的一致尤为重要，否则，任何一个重要角色的不同声音都如同由此撕裂的口子，对方将乘虚而入。从自身的组织利益及个人利益出发，承包商常会推卸己方责任、夸大建设方责任，而这种势就是要能够对这种情况以及以项目进展为要挟的不良心态和意念有效遏制，并避免心怀侥幸而不履行义务或无端挑起纠纷。

有理而无势，理将难行，有势而无理，势也难持久。势不用于理，反会激发承包商博弈的斗志，而如果使其到了尽可失而无所惧的状态时，也就到了建设方利益大失的时候。其实，理和势的并用与恩威并用这一成语所揭示的是同一个道理，而它们都莫不是以人所具有的两面性为其深广基础的。

在此也不得不提及监理作用的发挥，无论是在依理用势作用的有效发挥上或是在建设方与承包商间的纠纷调解上以及索赔、反索赔的确认或认定上，监理本都有举足轻重的重要作用，但现今监理行业之现状及监理权力于实际中的大幅缩减导致监理在以上作用中严重缺失，而如何通过具体方法、具体措施充分发挥监理作用，本书第八章作了专门论述。

三、连续追责、形成完整链条

承包商有义务按合同要求向建设方提供项目产品，建设方也有义务按合同要求向承包商提供相应条件，而建设方对承包商的许多义务常委托其他组织完成，这就构成了由首即被委托的其他组织、中即建设方、尾即承包商三部分组成的义务、责任链条，相对于尾部承包商而言的建设方义务，正是作为首部的其他组织对建设方的义务所在。义务、责任的链条在E+P+C合同模式下最为直接而明显，对施工方而言，建设方是施工设计文件、设备、材料的供方，建设方有义务向施工方提供它们，对建设方而言，设计院、制造商、供货商是施工设计文件、设备或材料的供方，这几类组织有义务向建设方提供它们，对设计院、制造商或供货商而言，它们又有原始资料、相应原材料、零部件乃至设备的供方，因此，在这根链条上，施工方就设计或采购方面向建设方提出的任何一项索赔，其所依据的事实总是与建设方自身的问题或设计院、制造商、供货商的问题具有完整的对应关系，问题所属也即是责任所归，而这些设计院、制造商、供货商问题或是其自身问题或是向其提供原始资料、原材料、零部件等的其他组织的问题，而后一种情况下的原始资料又很有可能与建设方相关，如图6-2所示。

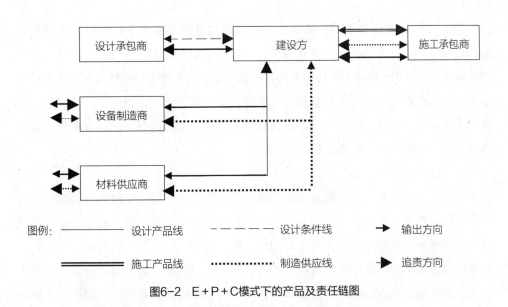

图6-2　E+P+C模式下的产品及责任链图

第三节　履行建设方义务，避免索赔和纠纷

从大的方面看，承包商向建设方提出的索赔、承包商与建设方的纠纷主要源于四个方面：一是在应由建设方提供的各类条件上；二是在建设方要求的提出及文件的审批上；三是在由建设方承担其责的变更上；四是在因不可抗力造成的损失上。

在建设项目的管理中，除付款外，建设方对承包商的责任和义务也主要体现在这四个方面，建设方如果在这四个方面精心管理、处理好其中涉及各方利益的事项，就会大量避免与承包商的索赔和纠纷，从而能将主要精力和主要财力用在如何使项目本身获得成功、如何使项目达成既定目的上。

一、条件具备方面

一个过程的输出要满足要求，首先要保证具备相应的输入条件和转化条件。对建设项目来说，它们就是指各类内部的和外部的、实体的和软件的、空间上的和时间上的等进行工程建设所需的诸多条件，只有它们具备了，承包商方能将输入转化成符合要求的输出，最终形成项目产品，而这些条件只要与承包商无关，就必定由建设方负责提供。

这些由建设方负责提供的条件又可以分为三类，第一类是现场条件，即建设方于项目现场应做之事，这首先是施工作业本身所必需的外在条件，其次是合同约定应由建设方提供的各类场地、场所，或用来存放材料、设备、机械或用来现场制造、现场预制或用来供人员住宿、办公；第二类是设计条件，作为E+P+C模式下的设计承包商或是EPC模式下的总承包商，这条件是指用来作为设计依据和基础的设计输入，作为E+P+C模式下的制造商、供应商、施工承包商，这条件是用来制造、供应和施工的设计文件；第三类是设备及材料条件，即应由建设方提供以形成工程实体的设备、构配件、材料及相应的技术服务。

1. 现场条件

就现场条件而言，我们所常说的三通一平或五通一平是其主要内容。作为项目产品的拥有者或使用者，建设方有责任给承包商提供用于施工的工程场地，有责任提供公用区域内的施工道路和施工用的水、电、通信、网络等公用系统，并在约定的范围内提供接口，这些都要足以满足项目正常施工所需，如果有特殊情况而无法满足，而这类情况在招标阶段是能预测到的，则在招标时即必须将此明确，并同时明确应当由承包商自行负责解决的范围。这些公共资源的具体分布及接口位置、水的流量、电的负荷、道路的宽度等，都需要在招标文件中以图文方式明示，以使投标人据此提出相应的准备计划和施工计划，并测算它所发生的相应成本，从而能在报价中予以足够考虑。建设方若对此含糊不清，就必定会使之成为日后双方纠纷的根源，在某一个大型工业项目上，在全厂地下管网招标文件及施工合同中，建设方写明提供"施工主干道"，但既无图示也未列明具体路号，这成了项目实施及收尾过程中双方的一项主要争议。对于施工所用的各类公用资源，建设方常会委托其他承包商提前完成，但有时也可以将它们含在装置或单体的招标文件和承包合同中而由同一承包商完成，若此，作为建设方，须对承包商由此发生的费用充分考虑，因为这原本是建设方义务所在。另外，还需注意这不适合在承包商自己使用之前其他承包商即需使用的情况，因为此时必定无足够动力满足此临设的工期要求。

大型建设项目，建设方必定对预制场、材料堆场、仓储区、办公区、住宿区等统一规划，承包商办公室、住宿房间或是由建设方划分地块后各自按标准要求自建或是由建设方直接提供，而对监理或项目管理方而言，建设方必须为其提供足够的办公室。由建设方提供的办公室、住宿房间或是项目工程的一部分或是临设的一部分，但无论如何，它们都应当在使用者进场前完成，除非相应承包商或监理所承包的、所监理的正是这些临设本身或是这些临设施工前所必须完成的施工，如场平等。除此，建设方以节省时间、保证质量、降低自身成本为目的，发挥规模效益，通常事先在现场设商混搅拌站、集中防腐厂、检测试验室，它们由建设方统一引入，确定统一单价，并将其放入承包商招标文件中，以据此计价，另外，大件吊装也常由建设方统一引入，这类在大型建设项目中集中提供产品、施工、服务的组织可称为现场集中供应商。他们分别与各承包商签订合同，由建设方统一提供的格式文本构成了合同的通用条款，其内容与他们和建设方签订的框架协议相一致。各承包商对这些组织的合同履行有完全的监督权利和监督义务，但在此之上，建设方还需对其进行统一监管，这是建设方应尽义务，为此，就应当建立起由建设方或监理方组织和主持，相关承包商、其他相关监理方、相应现场集中供应商参加的例会制度，以做到要求统一提出、问题统一解决，同时，以保证大项目整体进展为根本，建设方也应当对这类集中供应商的生产和供应实行统一调度。

对因建设方与现场集中供应商所签框架协议存在问题而必然产生的不良后果，集中供应商、建设方都有义务解决，而对承包商谈判时或签订合同前足以能发现的问题，承包商也有义务于谈判时、于签合同前向集中供应商和建设方同时提出。各集中供应商必须达到与建设方约定的规模，而建设方也必须保证与前者约定的需求量，为此，建设方禁止不经其允许外引同类供应商，而为避免因供应规模所限而在特殊情况下导致供应不足，建设方就应当统一选定备用的社会资源，并确定统一价格，而其与集中供应的价格差，或由建设方完全承担或完全享有。如果这类备用资源无法就近获得而只能承受因供应不足带来的延后时，建设方就要为此承担责任，承包商可就此提出工期索赔乃至费用索赔。对于所供质量不满足既定要求的，承包商直接向集中供应商提出索赔，但对两者间产生的任何纠纷，建设方都应当积极协调、公正裁决，以确保纠纷得到及时、有效的解决。因以上诸多建设方无法推卸的责任，除非优势明显，否则，建设方就不能以形成统一优势之名夺来集中管理。

在大型生产建设项目上，对于防腐，除那些宜由材料供应商在材料到场前完成的作业外，因运输成本天壤之别以及单独一个承包商现场防腐量有限，必须在现场设集中防腐厂，以实现工厂化集中作业；对于检测，因路途成本关系，更因及时检测、及时出结果的重要性，必须在现场设立试验室；对于商品混凝土，则必须在对周边商品混凝土资源作详细、全面的调查后，方决定是否在现场设集中搅拌站，当社会资源丰富、价格适中、质量和产量足以能满足要求，并且也不会因集中大规模需求造成价格垄断或即使出现此类情况也有有效措施应对时，自然不可另外再设，否则，即使规范管理，亦难免引起承包商猜疑，而如果与周边充足的混凝土厂相比，现场集中搅拌站所供混凝土质次价高、缺斤少两，而供应又不及时，使得承包商怨声载道，就完全丧失了集中、统一的任何优势，此时，虽然承包商可能会无奈地接受，但这给承包商和建设方双方的正当利益也给双方间的正常关系造成损害；对于大件吊装，因资源的稀缺及单独承包商的需求有限，统一引入、集中安排自然也优势明显。

就现场条件不具备的这个问题，有三种解决方式：转移处理、延后开始、快速跟进。转移处理，即转而委托需要这个条件的承包商完成，如果此条件可独立实施，且承包商已到现场的施工资源足可利用，自然以此方式处理最佳，但双方必须确认目前现状及由此导致的延误时间，而不能因此前账尽弃；延后开始，即将施工任务分割，将条件不具备的那部分施工延后开始，而当其他部分因此无法形成稳定、连续的施工或它的总时差仍较大时，也可将整项施工延后开始；快速跟进，这是处理此类问题最常采用的方式，它的核心是拆分，即本应待条件全部具备后一齐开始，现将施工对应条件拆分，条件顺次具备，相应部分的施工顺次开始，如原计划在强夯全部完成后方可施工全厂一级地下管网，现将全场分成两个区域，每完一个区域，检测合格即开始地下管道施工，如图6-3所示，需说明的是，图中强夯2施工时长正好等于地管1施工时长，而现实常非如此，当后者大于前者时，两者差就是后交场地的闲置时间，没有人机等待，无关大碍，当前者大于后者时，两者差就是地管1完成后相应施工资源的闲置时间，对此，或延长地管1施工时间，为此多余的人员、机械撤离，或将强夯1面积增大，直至地管1施工时长等于或大于强夯2施工时长，在这两种情况下，都是工程撵着条件走，如条件稍有延迟，相应施工即告停止，这是采用此方法的主要风险，务必要妥当应对这一风险，以确保条件始终稳步走在工程之前。

原计划为 6 个月：
强夯 2 个月、100 台设备全场均布
地下管网 4 个月、200 名安装人员全场均布

现预测为 8 个月：
强夯 4 个月、100 台设备全场均布
地下管网 4 个月、200 名安装人员全场均布

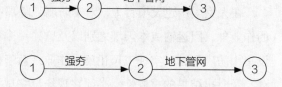

调整后为 6 个月：
强夯 2×2 个月、100 台设备 1/2 面积内均布
地管 2×2 个月、200 名安装人员 1/2 面积内均布

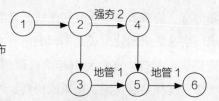

图6-3　采用快速跟进法解决全厂地下管网场地移交滞后问题

针对现场条件不具备，无论采用哪种方式解决，承包商索赔的基准都是建设方原所承诺的时间。对于转移处理，是以责任移交时双方就承包商自身达到应有条件所定时间为索赔计算的截止日期；对于施工延后开始，是以建设方所提供条件实际具备之日为索赔计算的截止日期；对于快速跟进，必定要修改原进度计划，如果因此导致已进场人员、机具等的闲置或重新进出场，作为建设方，就要给予赔付，也正因此，除非特殊情况，否则，是留置而给闲置费或是先撤场而给进出场费，决定权在建设方，而如先撤场，承包商又有足够证据证明已撤资源因本项目而失去了用于他处的机会，建设方就应酌情对机会损失给予补偿，以上处理方法也适用于前两种解决方式。无论采取哪种方式解决，因此导致的进度调整都可能会打乱承包商原有计划，使相应资源无法按计划用于其他项目而给其造成损失，虽然这是因建设方未尽义务所致，但这毕竟是间接的损失，除非损失巨大且承包商说明在先，否则，就不应再向建设方索赔。

凡是条件，除有时间要求外，也有"质量"的要求，只要是因为"质量"不符合合同约定而直接导致承包商费用增加、时间消耗的，都足以构成索赔，而如果建设方只从免于被索赔考虑，在招标文件及合同中将条件特意降低以至难以满足正常施工需要，并有意避免投标人在费用上充分考虑，虽然建设方因此而能免于被索赔，且也占了暂时的小利，但这种机巧避责的态度明显有违合作共赢的理念。就水、电来说，如果因为接水口位置或电源接线位置、水流量或供电量等与约定不符致使承包商发生费用、进度延误，建设方自然要承担其责，同时，面对供应不足问题，无论是承包商或是建设方，都有责任与对方共同寻求解决之道，在对各种可采取的措施权衡利弊后选定最佳方案，对于无法避免的停水、停电，正如我们所常作的那样，要在招标文件及合同中约定，只有在某个时间周期内的停水或停电时间累积到一定值后，方能索赔，这实质上是基于承包商有积极应对意外情况之义务。路的质量，应当要足以保证在非极端天气下机具、材料、设备运输及施工车辆、人员正常通行所需，其具体状况也一样要在招标文件中予以明示。

2. 设计条件

（1）设计条件种类及对提供的管理

从建设项目各方间的关系来看，设计条件有两大类：第一类是E+P+C模式下设备、材料制造商、供应商、施工承包商的设计类条件，即进行设备设计所需的设计依据、设计输入、用于制造或用于供货的技术文件、用于施工的设计图纸；第二类是E+P+C模式下设计承包商或EPC承包商的设计条件，即它们进行设计所需的设计依据、设计输入，这与设备设计所需的设计依据、设计输入同义，是设计条件这一名词原有的定义。

就E+P+C模式而言，设计承包商与设备制造商之间在设计输入条件上需要资料互提，无论是设计方或制造方，它们都仅与建设方有合同关系，一方对建设方未尽义务必然导致建设方对另一方未尽义务，如果有一方因未按约定及时、准确、全面地提资给对方而造成对方损失或增加费用，对方可就此向建设方索赔。正因如此，建设方必须深度介入到各方间的相互提资过程中，并就此保留各类可能会涉及义务、责任的证据资料，而在设计正式开始前，建设方需要组织各方就提资的内容、形式、时间要求、信息反馈等事项作尽可能详尽的约定，并就发生责任问题时的举证作出规定，以加大各方自我辩护责任，建设方则在其上充分发挥裁定者的作用。

在E+P+C模式下，设计图纸对于施工方来说，是做好施工准备、制定各项计划、进行施工活动最为重要的依据。建设方要保证施工图提供的及时性，即将设计图纸交施工方必须有足够提前量，以使其有足够的时间熟悉、审查图纸并据此制定计划、做好施工准备，同时，建设方也要保证施工图足够的准确性，以确保准备的正确和转化成果的正确。自然，这种准确性，可能会根据需要的不同而有不同的层次性和精确度，这也正是项目渐进明细特征在设计与施工关系中的重要体现，图纸的招标版、施工准备版以及因原待定内容的明确而形成的其他不同版本正是如此。以现代信息技术的发达，除最后用于施工的版本外，其余无须以纸版方式提供，但在发出前，设计审批仍都需履行，因用处不同，审查深度抑或不同，但必须确保这个用处不会因图纸存在问题而发生问题，而为确保工作的连续性，不同版本的校核、审查、批准人也不能因版本不同而不同。当所发为电子版时，为解决收发凭据问题，需要将发出或接收的邮件信息以足以作为证据的方式保存到相应的索赔时限为止。

设计信息的准确性与施工准备的关系较为复杂，这因不同行业、不同类型建筑、不同工艺装置等而不同，如长输管线，当管材材质和规格、埋深和防腐要求、管线路径、地质情况明确后，即可以此做充分的施工准备，而化工装置，则需要细致到每台设备的外形尺寸和重量，方能达到同等的准备程度。用于施工准备的图纸，准确性到什么程度以满足要求，确不易把握，因此，除非设计图与之关联明显且涉及面广、损失大，否则，承包商不应就此索赔。作为E+P+C模式，设计方面涉及的索赔问题，更常见的是因正式施工图迟到而延误施工、闲置资源以及因设计问题而导致的实体返工。图纸迟到的时间就是延误相应工程的时间，如果此前承包商资源已按计划或按建设方要求就位，两者的时间间隔就是建设方应给以闲置赔偿的时间，如果承包商资源因他自身问题滞后于图纸到位时间，两者的时间间隔就归咎于承包商的延误，而因这延误时间点的不同导致建设方损失的加大，其责任也应由承包商承担。在E+P+C模式下，因设计问题而导致的索赔，涉及返工的，作为施工承包商，有及时通报之义务，作为建设方或监理方，也有必要对相应佐证资料单独留存，自然，施工承包商自身也有图纸审查责任，但这仅限于是否具有可施工性、图纸之间是否存在矛盾、遗漏、重复，即使在这一方面，也是以同行业、同资质等级所能达到的或以建设方于招标或合同谈判时明示要求达到的技术水平为准，过此而因为设计问题导致费用发生及时间损失，作为建设方，都必须承担完全责任，与此同时，设计方就其中因自身原因而导致的问题向建设方承担完全责任。

在E+P+C模式下，建设方对施工承包商、设计方对建设方有义务及时解决设计问题，而合适的设计代表人选及专业设计人员的及时到场又是履行好这一义务的关键之一，这有赖于建设方对设计院的正确选择，也有赖于在合同中做出有效设置以及双方间良好的合作关系，由此方能使设计院自觉选派合适的设代表常驻现场、选派主设人员及时到场做设计交底、参加图纸会审、解决复杂或重大的设计问题。

用于制造和用于供货的技术文件的提供，其可能发生的问题相对简单，且多与在施工图纸提供上遇到的问题相近或相似，就此不再赘述。

就设计条件的第二类来看，它又分三种：第一种是建设方向设计方提供的项目所在地地质、水文、气象等各类自然状况以及与项目相关的各类外部设施等；第二种是由应建设方提出或明确的设计要求；第三种是在大型建设项目中，总体院与各单体设计院、各装置院以基础设计为依据在输入条件上的互提。

就第一种情况而言，除地质条件外，其他多是在基础设计开始前即收集齐全，且其深度足以达到详细设计要求，在详细设计开始前，直接移交给设计方即可。大型建设项目，这类资料可能在可行性论证时即已收集完毕，在进行详细设计时，如时间过久则情况难免有变，为此，建设方必须或重新核对或重新收集。建设项目的地质条件，在基础设计开始前需要由建设方将初勘结果提供给基础设计方，而在详细设计前则需要由建设方委托进行详勘并提供详勘结果给详细设计方。

就第二种情况而言，建设方提出的要求是所有设计的基础，这要求及相应的沟通在项目不同范围、不同高度、不同深度上都存在着，且存在于从项目启动开始至项目结束为止的项目全过程中，它是建设方最为重要的项目工作，也是EPC承包商或设计方与建设方之间最为重要的交流、沟通内容。建设方这方面的要求需要及时、清晰地提出，并尽可能完整、准确，同时要考虑到实施的可行性和设计的其他约束条件。项目渐进明细的特征必然使建设方要求也具有这一特征，兼有建设方要求的非专业性以及建设方在建设期间常存在的人员到位滞后且常有变动、内部职责不清、管理混乱无序等问题，这导致所提要求常是零散、混乱、感性、浅显、自身矛盾，要求提出的迟缓也难以满足设计的时间要求，所提要求常有改变，又给设计的系统性、一致性造成不良影响，以上这些问题都严重制约了设计进度，而设计方也常会借此掩盖自身设计力量不足或设计错误，因此，除非建设方是超大型企业，在其内部有固定的、完备的、专业化的项目建设管理队伍，并且因为有多个同类项目的历练而具有了较丰富的专业经验积累和较强的设计管理实力，否则，此方面必定成为建设方与设计方之间矛盾纠纷的一大根源。

就建设方所提要求的非专业性问题，即需要建设方人员具备基本的专业设计知识和专业经验，也更需要设计方秉承以顾客为关注焦点的原则耐心、细致地与建设方进行深入、充分的交流、沟通，以积极领会要求的实质，并予积极引导，使之符合设计既定前提条件和规范强制性要求，放弃那些不切实际或与投入相比意义甚微的要求，而对那些能够而且也值得转化为项目产品的要求，则以专业语言、专业经验将其精准地转化成具体的设计方案和设计图纸。

为使建设方清除问题的管理根源，设计要求提出的规范化必不可少，为此，双方在合同谈判时即要详尽约定提出要求及反馈意见的正式形式和渠道、提出人及签发人、收发文的部门及岗位、具体时限或时限原则，由此形成严密的制度，凡不以约定渠道、不经约定签发人签发、不在约定时限内提出的要求，均不能成为设计依据。自然，鉴于事项的复杂，非正式的沟通必不可少，为确保沟通的效果，建设方要正式告知对方自己这方人员的分工及职责，当然，任何非正式沟通的内容并不具备任何执行效力。如不严守这些约定，必形成不遵守既有约定的恶习，双方责任就将纠缠难分。

就第三种情况而言，总体院向各单体设计院、各装置院提出设计要求以及各院之间设计条件互提是大型生产建设项目中各院之间主要的工作往来，它们极端重要而又复杂繁琐，在此方面最为典型的就是石化项目，物料的进出、能源的提供、实体的连接、信息的畅通、控制系统的完整、统一等莫不有赖于此。就此，作为建设方，以形成紧密顺畅、界面清晰、责任明确的直接连接并利于自身监管为根本，组织总体院与各单体设计院、各装置院事先就条件正式提出的形式、渠道、时限等作详尽约定，并要求各方之间任何正式的往来文件必须同时发给建设方，由此形成完善、严格的制度，建设方自身即要严格按此执行，更要据此严格监督其他各方执行，若此，经过各方间初期的摩擦、碰撞、追责而强化了各自责任意识后，这制度将使各方间规矩行事，并足以作为将来发生纠纷时责任判定的标准。无论是E+P+C模式下设计方与制造商之间或是大型建设项目中总体院与各院之间，输入、输出闭环性强，责任非此即彼，作为建设方，对此管控的关键就在于组织制定严密的信息管理制度、齐全完整地存留各方间正式往来文件、及时进行过程监察，若此，就当足以避免问题频发或发生严重问题。

（2）对提供延误的处理

当设计条件将导致工程延误时，作为建设方，完全有责任对此积极应对、有效处理。在此，与对现场条件不具备时的处理方式相同，不外也是三种，即转移处理、延后开始、快速跟进。

转移处理，这仅限于对中小型项目下的自然状况、相关外部设施情况的获取，此方面或可由设计方自行收集完成，其他情况则根本无法由设计方即使用方自行获取；延后开始，即依据原定进度安排，以设计条件满足时为截止时间，与之相关的所有后续工作随之同步后延；快速跟进，项目中经常出现的图纸分批发出的情况实质上也即是此方式的具体实例，自然，这种处理方式对于设计条件的第二类第一种即项目自然状况、相关各类外部设施情况的提供并不适用。

对建设方来说，快速跟进有两种方式：第一种方式是将设计输入拆分，设计工作随之拆分，两者由此形成并行交叉关系，设计输入或是建设方直接提供给设计方的或是总体院与各单体设计院、各装置院之间的条件互提或是E+P+C模式下设计院与设备制造商之间的条件互提；快速跟进的第二种方式是E+P+C模式下将设计拆分，施工安排随之拆分，设计与施工由此形成并行交叉关系。以上两种方式的核心都在设计，设计方在设计上都已存在常规的并行关系，在此采用的快速跟进基于同样原理，但却打破了常规，而各专业设计、各局部设计为了一致性和统一性而遵行的管控制度正是基于这常规而定，现在打破常规，就使得设计输入和设计成果的校核、审查、批准、传递被拆分成更小片段，而设计上各专业、各局部间因项目的系统性相互间本就具有复杂、繁琐的关联性，因此，这种做法显著增加了管理难度，如没有充分细致的约定和更充分的沟通机制，就很可能导致设计上的混乱，进而造成错误和返工，对设计方来说是新的或此前少有的项目时，更是如此。某一化工厂新增的一个工艺装置由石化行业内一家知名工程公司设计并以EPCM方式进行管理，这是它承接的首套同类装置，基于工期的紧迫，应建设方要求，将原具有单一前后关系的设计工作改为并行交叉关系，初期省去了较多等图时间，项目短时间内即开始施工，但到项目中后期，恶果逐渐显露，频繁因变更而待图或因变更而返工，到竣工时，粗略算一下，在设计上如按部就班地走，未必晚多少，且又不会发生如此多的返工。对施工承包商而言，设计上的这种快速跟进还影响到其图纸审查的完整性，因后续仍有图待出，就无法及时发现前后图之间存在的问题，待发现问题时，对应的图纸内容可能已转化成为实体，同时，与施工图的分割相应，它无法为长时间连续施工做好准备，由此有匆忙开始之虞，而当对应施工工序所用资源相差甚远时更是如此。

3. 设备及材料条件

对于EPC模式，这主要是指为节省时间而由建设方提前进行的长周期设备采购，相应EPC承包商进场后，再由它与制造商签订补充合同而转由它全权进行后续管理，因此，设备及材料条件主要是针对E+P+C模式，主要在到货时间、产品质量和售后服务这三个方面。

（1）到货时间问题

到货时间方面，首先是提出时间要求，这或由建设方直接提出或由建设方依照经其审定的承包商所提时间而提出，而两者最终的依据都是当时经批准的施工进度计划，或由其直接体现或由其推绎而出，自然，这都要加上进场验收时间及必要的时间裕量，对于事关重要节点的设备或材料，还应当根据出现质量问题或匹配性问题的概率及相应处理时间而给予更多裕量，如果建设方委托监造公司实施过程监管，并组织出厂验收，这会减少出现问题的概率及问题的严重性，时间裕量就相应减少。

当承包商向建设方提出到货时间要求时，他常会将其尽可能前移，如建设方按此给其承诺，虽然这并不等于到货滞后工期就顺延，但却会使施工承包商具有了不当的索赔权利，同时也使他借此掩饰因其自身原因导致的延误。为此，作为建设方，通过对进度计划的认真审定、对时间裕量的认真核定而挤去水分，使他对承包商承诺的到货时间符合进度需要，并使其合理延后于供货合同中的到货时间，而两者的时间差值即是建设方对到货滞后风险采取的应对策略。

作为制造商、供货商，如交货时间紧迫，常希望能探知现场实情，以期能使时间安排相对充裕，作为建设方，对此，一方面，对交货的时间要求不能盲目压缩，更不可提出实现无望的要求，否则，必定适得其反，另一方面，也必须要让对方认识到对延误的追究只以合同为据，无有其他，由此方能强化对方对合同时间的遵守。

（2）产品质量问题

质量问题方面，首要的问题是要尽可能早地发现，对未封装的设备、材料，一旦到达现场，就必须及早组织验收，对于封装的设备、材料，如没有开箱后存储、保管的不便，也是如此，即使有所不便，也必须将其与存储、保管的时间、存在质量问题的风险通盘考虑后，方决定是否暂不开箱验收。任何设备、材料在进场验收通过前，都属于待定状态，除非紧急放行，否则，它的使用、安装时间具有一定程度的不确定性，进场验收的依据除了标准规范、设计要求外，还包括采购合同中的质量、技术要求，它在验收时常因人员不一而常被忽视，乃至在制造、供货时都有可能被忽视，但它却是至为重要的，因为它体现了建设方的那些未转化成设计文件却经设计审定的特定要求，而如果到设备安装、材料使用后才发现此类问题，这无疑会给工程进度带来不小的不利影响。

对于设备、材料在现场发现的各类质量问题，总体上不外有现场返修、回厂返修、退场更换、从他方另购、让步接收这五种处理方式。回厂返修质量高于现场返修，而更换或从他方另购的质量自然也要满足要求，而在通常情况下，退场替换成本小于他方另购成本。

如果替换或他方另购的时间满足要求且其成本也小于返修，无疑是要选替换或另购的，否则，就要考虑回厂返修或现场返修，这两种方式都是通过对原实物相应部分的改变而消除质量问题，它们也是最常见的质量问题处理方式，如果它们无法满足质量或时间的既定要求，则再考虑其他几种方式。

负有质量责任的制造商或供货商无论选定那种处理方式，质量和时间的满足都是首要的，否则，制造商或供货商都要为此承担责任，支付包括赶工费用在内的各项费用，接受建设方按合同约定对其进行的处罚。

如果建设方同意返修，因为设备或材料仍将成为建设方的固定资产，因此，其返修方案须经监造方或监理方审批，对重要的返修，则须经建设方审批。对于原即有监造方的，无论是现场返修或回厂返修，都应当由原监造方对返修全程监督，而如因它已显示出监管能力或责任心的不足，又鉴于设备或材料的极端重要性，作为建设方，也未尝不可另行委托其他监造方负责。当选定现场维修后，厂家人员常需要使用现场资源，作为建设方，对此可协调承包商提供，但所有返修工作的主体仍是制造商，对因此发生的费用，双方直接商定、直接给付，建设方不对其任何一方担保，否则即是不当介入，至于因制造商、供货商不作为而使建设方不得不委托承包商现场返修，与之相应的是建设方的反索赔，与厂家使用承包商资源返修完全不同。

　　对于让步接收，其决定权完全在建设方，是在其他任何方式都无法同时满足质量和时间要求的情况下，基于时间的紧迫性，迫不得已的选择，自然，这必须以设计必要的核算并提供足够准确的影响评估为基础。这种影响有时较为重大，但又常不具有直观性，如设备壁厚不满足设计要求，有鉴于此，任何让步接收的决定权都不能交给建设方内部的当事部门，而是要交由更高层级决定，而对于时间甚久方才显露的质量问题，更是如此。

　　（3）售后服务问题

　　在售后服务方面，最关键的是要做到现场服务和施工间紧密有序衔接，如衔接不好，则或是售后服务无法及时进行而使相应进度延误或是浪费售后服务人力资源而导致后续服务质量下降。为此，首先，建设方要在供货合同中对售后服务事项约定清楚，尤其是那些行业常规做法之外的要求，更需内容详尽、所达结果明确，而作为约束手段的付款条款，既不可过于苛刻也不可过于宽松；其次，明确售后服务所需各项条件，这包括了起始性条件和持续性条件，并就那些取决于承包商的或由其提供的条件与承包商做出约定，对服务事项复杂而需厂家事先做好充分准备的，建设方应根据现场进展就服务人员到场时间以渐进明细的方式确定，并就此通知厂家准备、通知厂家到场；再次，则是对已开始的售后服务做好连续性的条件保障，其中有些可追溯到承包商对建设方的义务，有些则单是建设方对厂家的义务。

二、要求的提出及文件的审批

1. 建设方要求的提出

　　建设方和具有合同关系的其他参建方间的所有工作都可分为义务履行和权利行使两大类，就权利行使来说，主要在两个方面：一个是提出与权利相应的要求；一个是对这要求的落实、满足进行督促、核实、查验，其中的后一个方面多是通过监理、项目管理方的监管工作来完成的，同时，它也包括了对监理、项目管理方工作本身的监管。

　　合同每一方权利的行使都是以它自身义务的履行为条件，建设方要求得以满足的前提是建设方相关义务的履行，而要求提出的及时和明确正是与这权利对应的一项义务。当建设方的要求不直接对项目产品产生作用、不直接增加承包商费用时，如要求报送某类状态资料、按某程序或流程送审资料等管理要求，不必然全放入招标文件及合同中，对依项目特征必须执行的国家、地方、行业的规定制度、标准规范，对与项目所在领域、所具规模相应的或与承包商资质范围、资质等级相应的通行做法，因投标人有义务知晓也不必在招标文件和合同中明确提出，建设方所需明示的只是高于其上的或是不属其中的独有要求。凡应明示而未明示且未在合同范围内的要求，承包商有权因这后提的要求而向建设方索赔，建设方也应就此给付。自然，如果相应事项在合同签订前还不足明朗、所得信息还不足详细到明确此类要求，则只能于合同签订后再予提出，作为建设方，最不应当的是，仅是因为内部沟通或效率问题使此类要求不能及时明确而只能在招标文件中模糊表述，由此而成为索赔、纠纷的源头。

对于不会发生费用、不消耗过多时间的其他要求，不必在招标或合同谈判时提出，但对重要的、涉及彼此切实利益的要求如进度款审批，对因管理制度或各自文化差异而可能会产生较严重分歧的要求，仍须及早提出，最迟也应给对方足够的熟悉、试错、调整的时间，自然，除了初始时将各项要求全面阐述外，再予提出的时间不宜过早，否则，即使不存在遗忘问题，也会使当时重要的要求裹挟其中而被淡化、模糊，使其关注度减弱，因为要求过多，即成噪声。

对于需要正式向对方提出的要求，自然都以正式文件形式向对方项目经理提出，除此，基于信息以必要为原则，未尝不可直接向对方将此要求予以落实、满足的岗位提出，这通常是对方项目经理之下的某个方面、某个部门负责人，这类非正式要求应当与合同、与所有正式往来文件保持一致，不涉及任何费用、不涉及实质责任，不会给对方日常工作造成整体性影响的要求，而如一时难以清楚判定，则应慎重行事而以正式要求方式提出。

在此倡导建立建设方交底制度。监理交底是监理工作正式开始的第一步，而作为与项目命运攸关的建设方，也应当建立其自身的交底制度。与监理交底不同，它形式不拘，或将其并入开工会中或召开专题交底会，它的内容或是对合同要求所作的强调和解读，尤其是其中可能会被对方忽视又较为重要的要求，或是合同中未含的各项要求，建设方通过此方式郑重向对方提出，并予必要讲解，尤其是其中较为重要或易生分歧的要求。

对在合同执行阶段提出的要求，必须以保持一致性和恪守权力边界为原则。一致性，即除非合同所未及或确必须改变的合同要求，否则，它必须是在与合同一致的前提下于具体执行上的要求，这也是合同要求的具体化，而对改变合同要求，按合同变更程序办理，而在它最终获批前，仍以原合同要求为准；恪守权力边界，即不应侵入到对方合同权利范围内，权利之一是对方在过程管理中足够的自主权，如承包商在合同要求的时间节点内对进度自行安排的权力，这或许会使建设方产生进度失控的忧虑，其实，这与建设方的过程监管并行不悖，如果与计划相比，实际进度严重滞后而威胁到节点按时完成，建设方就完全有权要求这一承包商提出可行措施，并严格监督措施的实施，而如承包商对此束手无策，建设方就应采取更换项目经理、直接向其总部要求等进一步对策。对建设方或监理方、项目管理方提出的越权要求，承包商完全有权拒绝，除非建设方声明或承包商被欺骗或被逼迫，否则，因盲目听从导致的不良后果由承包商自行承担。

2. 对报审文件的审批

对其他各方报送待审文件的批复可视为是建设方提出要求的一种特殊形式，监理方等对承包商报审文件的批复，在授权范围内，也等同于建设方的批复。凡由承包商报送的待审资料，第一类是待审查的，或审其计划、方案、措施是否符合要求，这是对承包商将来行动的批准，或审其记录是否与事实相符，这是对既成事实的确认，与索赔相关事实记录是其中一重要部分，而质量记录是另一典型而常见内容，自然，在确认质量记录的同时，也依规范标准、合同判定是否合格，这又是进行下一工序的前提，第二类是待答复资料，或要求建设方、监理方等及时明确、确认某类具体要求，或要求建设方回答与建设方履行义务相关事项，与后者相伴的是对建设方义务履行的敦促。

与仅是告知或备案不同，审批拖延必然对工程进展造成阻碍，而这又因审批方的管理问题而常会发生，因此，审批的时限成为FIDIC条款及国内合同示范文本中的一项重要内容，以此迫使审批方及时审批，从而有利于每一方对自己权利的维护，而作为建设方或监理方等，更需意识到审批滞后有害项目进程，并将构成承包商后续索赔的依据，由此而应及时有效地予以审批。虽有合同明文规定，未在时限内回复，即视同为确认、同意而具有了法律效力，未在时限内报送，即视为无而过时不候，但双方都应避免出现这种被动情况，而作为与整个项目最为利益攸关的建设方及由其委托的监理方等，尤要避免形成此类情况，首要的就是自身严格遵守相应时限要求，与此同时，对承包商在资料报送及回复时限的遵守上亦要严格监督、敦促之，这实质上是对对方义务履行的监督和敦促。

作为建设方或监理方等，对有可能成为彼方事后索赔依据的文件，自然尤要认真审查、慎重批复，那些不直接以索赔的形式报审却涉及双方间较重大利益的文件有时会被掩饰成或平淡无奇或自然而然或理所应当的样子，以期能轻易获得确认或批准，对此，也要有足够的敏感性，不被其外表的掩饰所惑，且唯以事实为据、合同为本审查批复之。作为维护自身利益的惯用手段，承包商通常会在与建设方责任直接相关的事项上，或提出过大裕量的要求，如前所述材料、设备的到货时间，或夸大已发生不良后果的事实，而对其中自身亦有责任的，通常会掩盖、推脱自己这方责任，有意缩小相应的事实后果，典型而常见的例证就是在分析工期拖延原因、追究延误责任时。就此，作为建设方、监理方等，对其中量的虚夸，当根据事实情况、所及活动特征及获批的计划予以切实消减，而对事实的核对、确认，首先是以现存事实证据及此前几方共同签认的原始记录为据，其次是以足够翔实、足以有效的监理方及建设方自身所存资料为据，当与责任相应的事实原因与事实结果间因关系复杂或条件多多并非一目了然时，就需要更为丰富、翔实、有效的证据，如事前没有足够意识并因而做好事实记录、证据留存，面对承包商提供的事实证据，必定难辨真伪虚实，也提不出有效的反面证据，由此对承包商归责于自己无法反驳，并使承包商逃脱对其责任的追究，而如果建设方在义务履行上本就问题较多，更是如此，因为此时两者责任已纠缠在一起而难辨彼此。

还需强调的是，作为建设方或监理方等，对事实的认定不需太多的经验，但需要认真、负责的态度，而对将来的预判则需要足够的经验和知识，如审批者对此缺乏，就必须由拥有相应经验和知识的人协助，而如审批者连这种需要都未能意识到而直接批复，则必定批复失当乃是批复错误，他也就不具备担任此岗位的基本能力。

3. 建设方承担其责的变更

变更，即对原定的更改，这原定的是指以具有法定效力的形式所体现的内容，自然，这主要是指合同类文件，没有法定效力的变更，不算真正的变更，鉴于此，变更要以与被变更内容具有同等效力或者高于其效力的形式体现，自然，为免混乱，首选的是与被变更内容一致的形式。

凡由建设方承担其责的变更，除非合同明确规定由承包商无偿实施，否则，承包商都有权就此而增加的成本和时间向建设方提出索赔要求，建设方也有义务给予赔付，但如果这是因承包商未履行义务而使建设方不得不为此提出变更，并且这种纠正式的变更仅限于将承包商造成的不良影响和不良作用消除为止时，相应费用和时间由承包商全部承担、自行消化。如果因为建设方提出的变更而使工程量有较大减少，那么，除了按合同约定减少相应工程费用外，也需要由建设方及时估算对应任务的完成时间，并依据经其批准的进度计划严格推绎时间节点的提前量，从而严谨地定出新的时间节点及工期目标。

由建设方承担责任的变更可分为条件类变更和要求类变更，前者又分为设计输入条件变更、现场条件变更，后者又分为设计要求变更、过程要求变更，见表6-1。

建设项目变更种类表   表6-1

工程建设项目变更	条件类变更	设计输入条件变更		
		现场条件变更	住宿办公条件变更	
			水电路通信网络条件变更	
			场地条件变更	
	要求类变更	设计要求变更	功能性要求变更	
			观感性要求变更	
		过程要求变更	技术性要求变更	设计技术要求变更
				制造技术要求变更
				施工技术要求变更
				管理技术要求变更
			管理性要求变更	管理目标变更
				管理制度变更
				管理方法变更

注：表6-1中将设计要求从设计输入条件中提出而单列（本章以下都以此论述），并将设计要求简化性地归为功能性和外观性两大类，安全性、操作性等作为实现功能的必要前提也归于功能性中；表中所未体现的实施及验收标准的变化包含在设计要求及过程要求的变更之中；项目管理技术列于技术性和管理性要求变更之间。

（1）设计输入条件的变更

此即作为设计依据的基础性数据发生变更，它常可能牵一发而动全身，单纯的局部调整或已无法解决而需推倒重来，这由此大力削减着后续计划的时间裕量，而当时间裕量成为负数时，建设方就面临选择，或给对方赶工补偿或将此合同工期乃至后续其他合同工期顺延，与此同时，建设方也将面临着对方因设计返工而提出的索赔。

为避免以上结果，作为建设方，在最初收集、获取设计输入条件时，必须要有足够的时间意识和适度的紧张状态，克服因结果的非显性而带来的松弛、懈怠，同时，也必须坚持质量优先，获所能获之极限，全力保证基础性资料的全面性和准确性，使之足以满足设计要求。如果囿于外界现有状况的局限而无法保证这一点，就必须将不完整、不准确情况精确记录和描述，并正式提供给设计方，由其全盘考虑后提出裕量建议和风险预测，经必要的专家论证后做出最终决定，又因这类资料常事关全局，作为建设方，其后仍应继续全力跟踪、收集其最新状况，并及时向设计方提供，由后者作必要的核算、评估，以免因研判偏失造成项目投资的巨大浪费。

由以上之措施而对此类变更因素进行最充分的管控，从而杜绝设计输入条件上任何不必要的变更。

（2）现场条件变更

此即是现场实际条件与合同约定的不相一致，或是实际比原约定的为好，或是实际比原约定的为差。对前一种情况，除非在合同中对此情况的处理有明确约定或事前双方协商一致，否则，都可视为建设方单方面行为，承包商有权坐享其成，对后一种情况，即是建设方未履行义务，他无疑将面临承包商的索赔。

住宿办公条件，如合同约定由建设方提供而实际上却改由承包商解决，作为建设方，自然要给其相应费用。对此，如果建设方改为给承包商提供场地由其自建，则按合同变更计价原则计算赔付额，如果因此比计划延后进场，延后的时间就是承包商应得的工期赔偿，而如承包商能提供足够证据证明人员、机具已按原计划准备完成，现只能等待而又无法他用，他有权要求建设方就此给予补偿，如果建设方改由承包商依靠项目附近的社会房源解决，此时，赔付额就以与原约定住宿条件基本一致的当地租房均价为据。

水电路通信网络条件，都是现场办公及施工必不可少的前提，除前期负责完成这些临设的施工承包商之外，其他承包商进场时应当都已投用，自然这也都是在合同中予以明确的。届时未投用或投用后中断时间超过约定，承包商有权提出索赔，建设方则按合同约定赔付，但其中的通信网络少有因投用滞后或中断而提出或接受索赔的。单就水、电、路三者而言，当投用时间晚于承诺时间时，就构成了提供条件的时间变更，对此，或承包商采取临时措施克服或相应施工开始时间延后，前者产生费用索赔，但承包商所采取的措施必须事前经建设方同意，后者则产生工期索赔。

水电路三方面条件，除提供时间变更外，还有一种地域范围的变更，即接入点发生变更，道路不常涉及，经常出现的是水或电的方面。在大型建设项目上，对于像办公楼等为项目所用或像全厂地下管网等涉及整个项目场地而需提早完成的主项，在它们进行招标时，施工资源还未最终成型，建设方招标文件中的水电资源布置会因后续设计和现场情况等因素而发生变化，承包商为此而增加的费用要由建设方承担。

场地条件，此方面或是交付时间或是交付范围的变更。不同于施工临设延迟提供时承包商或可采取措施临时克服，装置或建筑即工程实体所占区域的移交是施工正式开始的必备条件，移交延后一天，施工即延后一天开始，两者关系简单明了，而像料场、库房场地、预制场地等的交付时间应当提前于工程实体所占区域的移交时间，如果因情况特殊而只能晚于后者，而后者因陆续施工暂有余地或建设方有可暂时代替的其他临时空地，则中途发生的搬迁费用就应由建设方承担。在交付范围上，因为工程实体所占区域既定不变，范围的变更就是每次移交范围的不同，如原定一次性移交的现分为多次移交，原本在整个区域按序完成的各项施工，现在只能在所分割的更小区域进行（与图6-3所示类似），对此，如果仍无可避免地造成人员、机械的闲置或时间的延误，这些费用和时间就都应由建设方承担。当料场、库房场地、预制场地的位置远近、面积大小与合同约定的相比发生变化时，也构成变更，但除非变化甚大而导致成本及时间消耗增加明显，否则，并不涉及索赔。

（3）设计要求方面的变更

这一方面变更也就是对作为项目产品的实体、软件、服务要求的变更，而就这要求来说，它可粗略分为观感性及功能性两大类，前者与人的感官感受即看、触、闻、听等相关联，如外形、颜色、气味、声音、软硬度、光洁度等，后者是与项目产品发挥所要功能直接相关的那些要求。一般情况下，观感性的不良不足以导致功能性的问题，因此，也常不会影响到项目目的的达到，除非它本身就是项目产品所要的功能，例如在装饰装修项目上或者它使人产生较为严重的不良感受乃至对人体构成伤害，而功能性问题如得不到妥当解决，却可能导致项目彻底失败。

对于设计要求的变更，虽然可能不如设计输入条件变化那样影响深远巨大，但有时也是具有全局性的，例如调整设计生产能力，对这类重大变更，务必要审慎地对所有可能影响的因素予以系统、全面的清查，由此重新核算和调整，并进行认真、踏实的综合评审，以最终审定之，就此，除非设计管理能力卓越，否则，对突破设计方自身原有制度、流程的快速跟进，绝不能用于任何这类全局性的变更处理中。对于那些确切无疑仅涉及局部的变更要求，牵扯因素或许不多，但仍必须对所有可能将其作为输入的设计都要信息传递到位、检查和审查到位、修改和调整到位，否则，也很可能造成设计问题，如我们所常说的错、碰、漏、缺、重等问题。

对于功能性要求的变更，因为功能性本身的实现就是各专业综合而成的结果，它的变更通常也涉及多数专业。功能性要求的变更首先是对直接决定其性能的那些专业进行的设计变更，其次，是通过重新校核、计算而对与之相关联的所有其他专业做出的对应变更，就此依照相应的客观逻辑关系顺次或并行进行。

对于观感性要求的变更，在观感性的几类形式中，外形是其最为重要的一种，但对生产装置来说，结构的外形完全依从于它的功能性，在此之上，方是对美观的考虑，但这根本无法与以服务于人为主要功能的建筑相提并论，因此，单从美观问题而变更的甚少，而对于用在办公、住宿、吃、住、休息、运动的建筑或场地来说，观感性要求是设计的重要依据，而就景观绿化、装饰装修等，更是以观感性为根本，也正因此，在这几类项目中，建设方对其要求的多变不定也就不足为奇了。在一个国家十五重点项目上，其办公楼的装修基本完成后，因上层领导对此不满意，随即拆除重新装修，后又因总部领导不满意，再一次拆除重新装修。对于类似变更，作为承包商，最为关键的是要改之有据，即必须有符合合同要求之据，以确保责任明确、索赔有据，而作为建设方，则在方案的审查、审定上，上级参与的级别越高、参与的程度越深越好，自然，无论是承包商对建设方或是建设方项目人员对上级领导，都要做好及时而必要的引导工作。

（4）过程要求的变更

过程是一组将输入转化为输出的相互关联或相互作用的活动，当一个过程的范围和时间跨度足够大时，又可分成诸多更小的过程单元。从过程的角度看，项目产品是由其下各过程的输出经"整合"和"调试"所形成的输出成果，如图6-4所示。

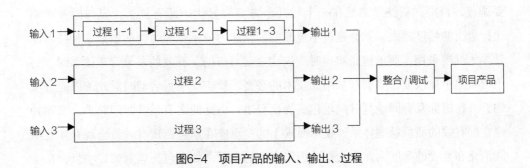

图6-4　项目产品的输入、输出、过程

过程要求，是对由输入变成输出的转化过程的要求，这或是技术的要求，或是管理的要求，前者可简单地分为设计、制造、施工三方面要求，后者则可分为项目目标、项目制度、项目方法三方面要求，而项目管理技术，如我们所常用的进度网络计划技术，即归入管理类中，亦归入技术类中。建设方通过对技术方面和管理方面的要求保证输出的质量和时间，并确保输出的各项结果符合要求。

技术要求的变更，除非是新的要求不新，即，就原所要求承包商具有的资质和实力而言，是其本身应当具有的技术能力，否则，为此增加的费用和时间由建设方承担。因技术变更导致的费用和时间的增加，即会产生于相关的购置和培训中，也会产生于对物的处理所增加的消耗上、产生于学习所必要的重复工作和初期功效的降低上。

　　因为技术变更要求常源于与新技术相比，原定技术不易保证现有质量要求，如果在变更要求提出前，相应活动即已开始并不断形成结果，建设方就可能会对这即成结果做更细致、更全面的检查、检测，而如现有市场资源还没有有效手段做检测（这在质量管理体系中被称为特殊过程）或其成本高于按新要求重做成本，则或是依据规范标准及过程监控情况放行或是对已形成部分按新要求重做，重做成本由建设方承担。

　　技术要求的变更因技术本身的特点而有着不同的特点，施工及制造方面，或涉及所用不同机械、设备及操作者的调动或涉及材料、半成品在不同空间和时间内的加工、组装，设计方面，或涉及所用软件的变化或涉及不同的知识和不同的经验。制造技术和施工技术的改变分别体现在制造工艺和施工方案的重新制定及执行上，监造单位和监理公司则是新要求落实的监督者，单就制造而言，作为建设方，如果既未委托监造也未设定过程验证点，制造中亦不去查验，则这类新要求还是不提为好，这与一个通行的道理相通，不提出无检查、无验证的要求。

　　技术要求的变更应当立足于现状又稳妥向前。除非是因应条件的变更而作的必要调整，否则，新技术必然在一个或几个方面明显优于原有技术，但与原技术相比，迈出的幅度过大，就会超过承包商的消化能力或承受能力，而如果这种技术原是要大规模采用，而承包商却一时难以建立起对应的、有效的质量管理体系时，更不应贸然中途改变，如确有采用此技术的必要，就应在项目启动时对此予以充分考虑，并在招标及合同谈判时向承包商提出要求，由此使之有足够时间熟悉、掌握并建立起有效的质量管理体系。技术要求上的变更应在承包商现有人员、现有体系所能消化和承受的限度内，由此稳妥迈出变更的步子，如在包头煤制烯烃项目，在主要承包商进场后，建设方统一规定所有地下钢制管道都必须氩弧焊打底，即在施工技术上做出的适宜变更。

　　（5）管理目标的变更

　　就管理目标而言，无论是哪一个方面，其变更都须经双方同意，并须履行合同变更手续，其中，对上调而更不易达到的，除非承包商同意，否则，建设方要支付为此增加的费用且相应延长工期。在此需要说明的是，项目管理目标在承包合同中常转化成为总体要求，但在此两者同义。

　　质量目标既可以是结果性的，如一次投料试车成功，也可以是过程性的，而更多的是兼而有之，如安装单位工程优良率，它随建设过程中安装实体的不断完成逐渐累积直至随实体完成而最终实现。质量目标的变更或源于原有预测的重大偏失或源于与质量相关的外在条件发生大的变化，它们使原有目标不再具有现实意义，而若要使质量目标的变更具有意义，需具备两个条件，它们也是质量目标发挥应有作用的前提：一是它必须有评判其是否实现或实现程度的明确标准；二是与它相关的质量信息必须如实收集、如实披露、如实统计，无此，质量目标的实现就无真实性可言，质量目标的变更也就无任何实质意义。

在安全目标上，它与其他项目目标不同的是，任何外在变化，都不应当成为安全目标下调的任何理由，即使外在的变化显著增加了安全管控的难度，但基于安全目标所具有的极强的昭示、激励、约束意义，安全目标也不能因此下调。自然，当现场发生安全事故导致目标已无法实现时，也就没有坚守的意义了，为此，只能翻过去而重新再来，当然，这绝不意味着为事故责任方、责任人开脱责任，也绝非意味着不汲取事故教训，相反，作为建设方，要严格按合同约定处罚责任方，并深刻、全面分析原因，制定切合实际、正对其症的纠正措施。

在费用目标上，除非是并非常见的成本加成合同，否则，它与EPC承包商或施工承包商并不相关，而作为代建设方管理项目的组织，如EPCM管理方，如果被赋予了明确的费用管理义务，实现费用目标自然会成为其合同义务的一个重要部分，而对费用目标的变更，也必然会影响到对其管理成效的评判。如果这是因为管理方最初的测算有较大失误导致原费用要求明显偏高，使其根本无法实现，虽然目标要为此调整，但管理方必须对因此导致的不良后果承担责任，而如果这是因为与管理方并不相关的原因导致费用的巨大变化，如建设方在设计要求方面的重大变更，则费用目标、费用指标自然要作调整，但调整的方法和原则仍以合同为据。

在时间目标上，其变更有时是为被动因项目内其他方面的变更，有时则是因为项目外在环境的剧烈变化。在前一种情况下，当因为设计输入条件的变更或设计要求、技术要求的重大变更导致相应活动延后而使关键线路延长时，除非为此支付相应的赶工费用，否则，承包商有权拒绝原定合同工期，若此，合同工期就必须向后调整，当因为活动、任务取消而使关键线路时间大幅缩减时，建设方就需依据对应任务完成时间及批准的进度计划严格推绎出新的时间节点及工期要求。在后一种情况下，当外在环境变化不利于项目时，依建设方和承包商应担责任的不同做不同处理，其中当遇到不可抗力时，依据合同法"因不可抗力导致合同不能履行的，根据不可抗的影响部分或全部免除责任"，如果承包商受损严重显然无法满足合同工期要求时，双方就需重新商定合同工期，而当外界环境变化利于项目而使关键线路时间大幅缩减时，建设方也无权单方面因此缩短合同工期。

（6）管理技术的变更

管理技术介于管理与技术之间，在此指项目管理技术，这有两方面内容：一是所用项目管理软件；二是在项目管理某一方面具体所用技术性方法和工具，如进度计划中的网络图、质量管理中的控制图、风险管理中的影响矩阵。

就所用软件而言，因为管理的连续性、历史数据积累的延续性以及各方数据统一汇集、处理、存储的需要，作为建设方，在项目启动之初，即要根据自身既往、在建设项目所用以及本项目情况而统一确定所用软件，且从始至终用之，而不中途变更。就第二种而言，对于在某方面管理中涉及全局、全过程的技术，自然也应由建设方事先统一确定，如在安全管理中采用LEC风险评价法，而在使用过程中，除非已不适用于现实，否则，不要轻易变更，而对于不涉及全局、全过程的，则不必在合同中约定，即使有所约定，也唯以如何取得管理成效为根本，依据具体情况灵活把握，而不应一成不变，因为此时，统一性、一致性的意义已然明显小于灵活性的意义。无论如何，管理技术上的变更即使有，也因为其意在提升管理而少有涉及合同纠纷、少有涉及索赔的。

（7）制度方法的变更

在管理要求的变更中，还有管理制度和管理方法的变更。就管理制度而言，适用于承包商、监理方等其他参与方的，一是关于建设方与其他各方在各类界面、接口上的工作内容、职责、流程、程序的规定；二是建设方在具体某方面的统一要求经提升后所形成的制度，也即是建设方要求的制度化。无论哪一类，制定制度时难能考虑周全，执行过程中予以修正自是难免，但就此必须把握好一致性和灵活性。因为制度覆盖面广、适用时间长，加之执行者必然经过的了解、熟悉、接受、习惯的过程，制度的制定和发布务要慎重，而在发布执行之后，对是否修订升版，也必须对利弊得失足够考量后再作决定。在通常情况下，管理者常见得到改之利，而见不到改之弊，乃至朝令夕改，致使令不行禁不止，建设方与其他各方间由此增生矛盾和冲突。

就管理方法而言，依据过程管理原则，建设方必定要向承包商提出应有要求，但在此尤要注意彼此的权力边界，因为管理方法最具过程性也最带有主体自身特点，就此，无论是原有的或是新提的或是变更的要求，都应限于行业内行之有效、普遍适用的管理方法，除此之外，对建设方或监理方认为是好的管理方法，在确保利于项目目标的达成并使承包商受益的前提下，向承包商提出，且应以建议而不是以正式要求的方式。鉴于应有的慎重态度，建设方对慎重写入合同中的管理方法，不应轻易改变，否则，就必定有或显或隐，或长或短的紊乱，而对新增加的管理方法要求，则要符合通行、有效、有利这一原则。

（8）不可抗力

在此方面，各类合同示范文本都有明确的约定，其主要内容在于及时通知、损失各自承担、避免或减少损失、延迟义务履行的责任承担。

及时通知，即因不可抗力而使合同一方履行义务受阻时，它必须立即通知另一方和监理方，并提供书面说明，如事件持续发生，则还需提交中间报告，而在不可抗力事件结束后，提交最终报告。

损失各担，即各自承担各自的财产损失及人员伤亡，那些运抵现场的构成工程实体的材料、设备与已完工程一样视为建设方财物，第三方的财产损失及人员伤亡由建设方承担，而无论哪方损失，凡因不可抗力而使工期延误的，工期都应顺延，由此导致承包商停工的，停工期间必须支付的工人工资由建设方承担。

不可抗力发生后，每一方都应采取措施尽量避免或减少损失的扩大，任何一方当事人因没有采取当时有责任采取的必要措施而导致损失扩大的，应对扩大的损失承担责任，并且不能就这扩大损失部分而减免履行合同的任何义务。对承包商来说，除非是因时间紧迫、情况特殊而采取紧急避险止损措施，否则，在任何情况下，承包商采取的积极应对措施，如果属于建设方应承担其费用的，都要事前经建设方同意，而紧急避险止损措施，也要于事后及时向建设方通报。

延迟义务履行的责任承担，即因合同一方迟延履行义务，在迟延履行期间遭遇不可抗力的，不免除其违约责任。

第四节　案例

【案例6-1】合同中采购范围的自相矛盾

案例描述：

在北方一个大型工业项目项下的各单体建设E+P+C合同中，有时会出现文字描述的采购界面与工程量清单所列不一致的问题，而合同自然也是承接于招标文件。针对此问题，建设方明确表示以招标文件中的工程量清单为准。

案例分析：

此问题处理简单，但如果我们深入分析，则它的前因后果并不简单。采购原则、采购界面自然要先行确定，并由此形成文字，因此，是建设方内部编制工程量清单的人沟通不足或他编制时粗心大意而产生了这一问题。在投标人做报价时，依循的都是工程量清单，其中也包括了需要由承包商采购的工程材料、构配件和设备。如果建设方决定以文字描述而不是工程量清单为准，那么，为保证评标的公平、公正，对文字描述是由建设方采购而清单显示的是承包商采购的这部分材料、设备，在评标阶段就要将它们的费用从报价中扣除，但是显然，因为是事后发现而当时并没有如此做，而当各报价中这部分费用相差甚大乃至足以改变中标结果时，建设方的决定就将前溯而致评标结果的不公平，同时，基于报价的自愿，对这已计价的材料、设备，如果建设方拿来自采，也应当征得承包商的同意。由此看来，建设方决定以清单为准无疑是正确的，这是以业内惯常做法和原则为基础做出的妥当处理。自然，其中也可能有一些因为它们的重要性或特殊性确有必要由建设方采购，那么，它们的各方报价应当不足以导致中标结果的改变，并要经过中标人也即承包商的同意，否则，仍要由对方采购，但建设方通过介入采购全过程的方式予以监控，而在价格及付款上，则由承包商完全负责。

针对招标文件的矛盾之处，作为接受要约邀请并发出要约的投标人，他也有责任认真审核招标文件，并就其中所有的矛盾之处向招标人提出，但对于那些作为投标人通常会有一致性的处理方式而不会导致投标依据不一致的内容，这种责任减弱不少。除招标文件中采购相重的问题外，在采购方面还有另外两种可能：一是文字描述由承包商采购而清单中却未列入；二是实际需要的材料或设备在文字描述中既未提及也没有对应划定原则作依据而清单中也没列入。对此，作为建设方，只要有必要由承包商采购，自然仍可委托其采购，但价格则或由双方共同认定，或由建设方在确定供应商的同时确定价格，或由承包商向建设方报价并经后者审定。

在此案例所及事项中，也有一种极端但并非不可能出现的情况，即工程量清单中显示要计取材料费或设备费，投标人却置之不理，而以由建设方负责采购为依据而不予报价。对此，如果评委在评标时发现了这一问题（因为各投标人报价构成的差异较为明显，如果评委或清标人员足够认真的话，应当能够发现此问题），为求得评标依据的一致，就要将其他所有投标人同一项材料或设备费都从报价中扣除。此时，如有投标人因采用不平衡报价将这些费用报低价、将其他费用报高价而不中标，那么，这可视为是投标人为自己不认真审查招标文件的过错承担责任，反之，如有投标人在这些费用上报价尤高而得到了报价优势并因此成为第一中标候选人，他有完全正当的权力不予接受，建设方可转而向第二中标候选人发出中标通知。

【案例6-2】村民阻路

案例描述：

在一个大型央企的新型煤化工项目上，当项目进行到施工高峰期时，附近一个村子的村民因为土地纠纷没有得到占地赔偿而将通往项目现场的两条必由之路堵住，并派人24小时看守。这一项目所有占地款都已被当地政府拨给了拥有土地证的另一个村子，而堵路的村子此前就认为这片地应当归它所有，据说这缘由则可上溯至清朝末年。村民将这归属市政的道路封住，走路、人工运物无碍，车辆却只准出不准进，一周后村民撤离，恢复通车。

案例分析：

虽然如果没有这个项目，也不会发生此事，但此事却全是因土地纠纷而起，与建设方毫无关联，这是建设方所不可预测、无法控制的外部事件，是工程的不可抗力。

在此事件中，无论是承包商或是建设方，归其各自所有的人员、机械、材料、设备以及工程实体都毫发无损，所损失的是时间以及人员、机械的闲置。就时间而言，建设方自然要给各承包商以时间补偿，具体时长与给各承包商造成的时间延误等量，它要视当时施工的具体情况而定，并不必然都是一周。人员伤亡、财产损失有各自承担的原则（由承包商采购且已进场的工程材料、设备或施工已完成的工程实体，即使还未验收，也应当视为是建设方财产），但就闲置费用如何承担，在FIDIC条款中并未明示，而在施工合同示范文本中则只是要求"双方合理分担"。就此，从承包商角度看，它是因建设方的项目而来，如果不是它自身的原因就是外部的原因，而因外部的原因引起的问题就应当由建设方解决或由建设方承担，人、机闲置的损失也不像施工人员伤亡、施工机械或施工材料损毁那样，承包商具有看护和承担风险的义务，从建设方角度看，这一损失既不是他所能预测的，也不是他所能控制的，而其缘由也与他毫无关联，因此也应当遵守受损者自担的原则。最终，项目建设方经过内部讨论，决定对作业人员闲置费用依据现行定额标准人工单价给予了全数补偿，而对管理人员及机械的闲置费用不予补偿。

【案例6-3】全厂地下管网施工的现场条件

北方某一大型工业项目，在全厂地下管网施工招标时，全厂正式道路远未开始，而建设方当时也未修建临时道路。在招标文件规定由承包商修建"由指定的场内施工干线公路至各施工点的全部临时道路"，但却未明示施工干线公路具体是哪些，而在施工资源平面布置图上，因为是在以设计所出的全厂平面布置图为底图，因此，所有正式道路都呈现其上。用于提供施工电源的各变压器都标注在这一图中，而此时仍有变压器未就位，已就位的也并未全部投用，一级配电箱都未安装，但在招标文件中明确要求承包商直接由变压器接出。当时的施工供水管线虽然已敷设到位，但供水能力有限，就此，建设方将当时正常情况下所能保证的平均流量每分钟7m³写入招标文件。

　　在施工开始后，由施工方铺设的临时道路费用问题，就成为承包商索赔的一个重点。按承包商理解，除了为与装置相连的支线施工而铺设的临时道路外，其他所铺设的临时路都是在正式的公共道路位置附近上，因此也都算作是主干道，投标时都未将它们计算在临设费中，而建设方则认为场内施工干线公路并不是指正式道路干线，而是指各装置施工所必需的施工通道而已，这也即是由建设方在全厂地下管网招标后、施工开始前完成的三条施工主干道。虽然施工方始终在争取，但因建设方的不认可，此项未正式上报。在项目进入结算时，基于双方施工期间的良好合作，更基于施工方在施工图任务完成后的一年半时间内积极按建设方要求进行诸多零星设计变更施工、对非其责任的质量问题进行处理、配合间隔时间颇长的各系统投用，建设方最终同意承担部分此项费用。但此时，双方却在临时道路实际宽度上又发生分歧，施工方所报宽度与建设方所修临时路的最大宽度相同，而因时隔已久，现场已无任何可循迹象，最终，建设方以它只能承认施工所必需的道路宽度为由结束了此项争执。

　　就供水而言，因为外部原因，在地下管网施工期间，曾发生过数次长时间的断水，而在有水时，也时常达不到约定水量。对此，在本工程进入到施工高峰时，承包商与建设方商定，由承包商在现场以挖砂成坑、上盖厚塑料布的方式修建了十余个蓄水池，用施工供水管线24小时注水，就此解决了大口径管道做试压或做闭水试验用水需要，此项费用建设方以现场签证方式一概承担。就供电而言，因为全厂地下管网遍布现场各处，对离已投用变压器较远的区域，施工方自备拖拉焊机解决电源问题，并就此提出索赔意向，但在建设方明确表示不同意后，也就不再正式提出。

　　案例分析：

　　就临时道路而言，其根源在于建设方的含糊其辞，在施工资源布置图上显示的即使是正式道路，但因为没有相应说明，被施工方认为是即成的临时道路，也不无道理。现在事后推测，估计在招标时，建设方还未确定究竟要修几条临时路，故也未在招标文件中明确，但这种不明确却带来了报价依据的不明确，并导致合同纠纷。因此，此案例所应汲取的教训是即使是未确定，但如果涉及费用，也必须在招标文件中明确，此时它是一种暂定的明确，并要在招标文件中写明当实际情况与之不一致时的处理原则，从而避免因含混不清而影响招标质量，合同双方也就不会在实施阶段产生如此重大的分歧，并进而影响到双方关系。

就施工用水而言，鉴于当时地方上的配套设施跟不上，作为建设方，只能以当时实际所能保证的供水量作为承诺性内容放入招标文件中，而作为施工方，就必须以此做精细测算，如供水量无法满足正常施工所需，就应当实地考察现场，据此制定妥当的应对措施，形成施工技术部分相应内容，并据此构成费用报价的组成部分。试想，如果现场确是能保证约定的供水能力，那么，任何解决缺水的措施如蓄水等费用就都应当由承包商全部承担。作为建设方，即使供水能力达不到招标文件所说，从严格的理论意义上看，由建设方承担的应对措施费都要扣除承包商在投标文件中按约定供水量所定应对措施相应的费用，即建设方仅承担在比他所承诺的更严重情况下额外增加的措施费用，对本在投标文件中含有的应对措施，无论它是否还有裕量用于应对更严重情况，都不应由建设方承担费用。自然，鉴于实际上投标文件中并没有具体应对措施，现场断水时有发生，而有水时水量也常达不到每分钟$7m^3$，两种不同程度的应对措施难以分辨，建设方同时考虑到自身提供公共资源的必然义务一概承担下来，这种做法也符合常理。

就施工用电而言，因遍布整个项目区域的全厂地下管网需大规模开挖，作为建设方，先只配备变压器、一级配电箱待地下管网基本施工完成后再统一安装是合理的安排，但对于未安或未投用的变压器，建设方必须在招标文件中明示，并提供拟将投用的时间，如果这时间是在地下管网计划工期结束前但又不是自己所能控制的，那就在尽可能准确预估后加上适当保险系数来确定拟投用的时间，以为在合同实施阶段处理此方面的费用问题提供足够依据。

【案例6-4】大学图书馆空调系统通风管道高度问题

案例描述：

北方某一省会城市大学搬迁项目下的大型图书馆工程，为E+P+C合同模式。在空调施工分包商进场后，建设方提出各层通风管道须底面平齐且不低于某一高度的新要求，因为与原设计发生冲突，因此就需要进行设计变更。分包商及总承包商在仔细研究现场情况及给水排水施工图后，发现每一层都不能同时满足这两项要求。

随后问题及时向建设方反映，后者仍坚持这一新要求，但未给出具体解决办法。分包商人员、机械、材料已准备就位，却因此不能开始大规模施工，为此，分包商经总承包商多次敦促建设方给出明确、可实施的意见或指令。在拖延到第10天，分包商总部将其项目经理撤换。新项目经理一就任，即在与总承包商研究后，向建设方及设计方提出修改建议，调整消防主干管局部管道路由，将通风管道长宽比向设计允许的上限调整，并使无法满足高度要求的部位均集中在相对偏僻的狭小区域。此方案在经设计认可而建设方仍未表态的情况下，由分包商主动实施。期间，分包商、总承包商就此方案始终与建设方积极沟通，后者在分包商开始大规模施工后不久也同意了此项方案。

案例分析：

此案例典型地显示了建设方变更要求的特点，即或是外观上的或是功能上的要求，而对于如何实现这些要求、如何解决与其他专业、其他方面相冲突的问题，却无法给出具体办法和解决方案。就此，如果是EPC模式，总承包商的设计人员自会努力找出方法或方案的，并且也会就变更要求的不合理之处积极与建设方沟通，而作为E+P+C模式，按理应当是由建设方向设计方提出变更要求，敦促设计方实现，并对设计就此反馈的难处与设计积极沟通，乃至与施工方、设计方共同研究方案，但建设方常因设计管理经验有限或者精力有限而难以这样做，又因为建设方变更要求的实现常涉及其他多个专业的有效配合，同时还必须考虑到已完工程具体情况，并常会有返工，因此，设计可能就此或者拖延不做或者做出的变更不切实际。对此，如果这并不涉及深奥的设计原理和复杂的设计核算，那么，监理及承包商就应当充分发挥自身优势，向建设方及设计方提出适宜的方案建议，并通过自身的努力促进工程进展，而对那些不可能实现的变更要求，作为设计方，应当以对方能听懂的语言和能接受的方式向建设方讲清楚，同时，因为监理和施工方在日常工作中与建设方有着更密切的接触，更鉴于看问题的角度与建设方接近易达成共识，他们也应当就此和设计方一道与建设方沟通。而如果施工方就建设方的变更要求不以积极态度介入其中，只是坐等设计变更，他就有可能成为双方沟通不畅、僵持不下的牺牲品。

作为施工方，在介入到建设方变更要求转化、实现过程中的时候，必须以事实、以可靠经验和准确知识为基础，而不可因一家之私而欺瞒、诱骗建设方。在一化工企业的技改项目上，建设方准备增加一条化工管线，在建设方下属设计所就此与施工方沟通时，后者的项目经理因为现场条件复杂、活小利润不高而说动建设方取消了此项计划，这一项目经理后来以此炫耀于人。作为建设方，对施工方在设计变更上的各类说法，也不可认为其全然是出于心声，而要知道可能存在于其后的利益动机，并要细致核实、考量所说种种理由的真实性和充分性。

【案例6-5】大型工业项目下的全厂绿化工程变更处理

在北方一个大型工业项目下的全厂绿化工程，由建设方委托一家园林绿化设计院做了方案设计，并依据这一方案通过招标选定了一家仍具有设计资质的承包商。在工程正式进入合同实施阶段后不久，承包商就原方案提出7项较重大的修改建议。建设方据此两次召开专题会讨论，会议由承包商、监理方及建设方项目部内的商务、费控、设计管理、施工管理人员和生产方的综合办、区域所属生产部门、生产中心人员参加，会上对这些建议逐项进行了细致、审慎的审查，论证变更的合规性、必要性、适宜性，由此形成最终变更决定，其后，走变更程序而完成审批手续。通过审查可以看出，这些建议虽然在费用上略有增加，但从整体效果出发都有足够的合理性。在变更建议审定后，生产人员在内部沟通时提出在危化库院内种植树木的想法，想要经项目部向承包商提出此要求，但因为有违规范要求而被建设方设计管理人员否决，除此，生产人员又提出3项不大的修改，并就此与项目部、承包商沟通，在确认从专业角度不存在问题后，即向项目部发联系单提出正式变更要求。

案例分析：

在这一案例中，承包商有深化绿化方案、将方案转化成施工图的义务，而针对建设方所提供的方案作任何变更，都必须经建设方同意，而除非合同中另有约定，否则，其费用增减都全由建设方承担或享有，自然，对本案例中的这类改进型变更建议，建设方应当充分鼓励投标人及承包商向其提出。

生产人员提出的在危化库种树的想法，如果建设方项目部没有否决，就会向承包商提出，而这也是建设方在设计方面常易犯的错误，即因为设计专业知识的匮乏而提出不适当乃至错误的要求。这也是足可理解的，但也正因此，凡是具体的设计要求，都要经由建设方设计管理人员审核后再对外提出，而对要求的不合理之处，无论是建设方自身的设计管理人员或是承包商的设计人员，都要以确凿的规范依据向提出人详细讲清楚。

作为建设方项目管理者，对于承包商向他提出的变更建议，或是他内部生产人员提出的变更要求，均要慎重以待，都要经过相关方面人员充分讨论，以最终确定是否采纳、是否实施，这也是对设计变更应取的审慎态度。

【案例6-6】给水泵房的综合病症

案例描述：

在我国中部的一个大型工业项目上，作为供全厂用水的给水泵房，原定工期不足一年，实际工期却长达两年半之久。此工程采用E+P+C模式，设计方为石化建设行业内的知名工程公司，施工方也是行业内的大型施工企业，而这一大型工业项目的建设方则是国内超大型央企。

这一工程开工后，进展顺利，质量也属上乘，但在水池底板于当年10月中旬完成后不久，建设方集团总部要求压缩项目资金，建设方项目部因此要求设计方对水池进行优化。在获知设计方近期无法完成设计修改并鉴于冬季即将来临，征得建设方同意后，承包商作业人员撤离现场。在第二年2月底，施工方再次调配人力到场，重新开工，并连续稳定施工直至顺利完成建筑结构，建筑的水暖通及建筑附属电气也在第二年6月份完成，与此同时，各泵及储罐也在同年8月份安装完成。其后，在工业管道以及电仪、电信线缆和设备大体施工完成后，此工程即进入到漫长的滞缓期。

滞缓首先源于后续材料、设备到货迟缓上。建设方最初大批量订购的材料、设备到货时间并不晚于工程所需时间，但后续订购的以及设计变更增补的少量材料、设备，其到货时间却因采购权全部收归集团而变得遥遥无期，而这些变更或源于设计本身的问题或源于建设方的新要求。依后来到货情况看，这些材料、设备的采购周期至少5个月，有的更长达一年，而它们大多是常规材料和小型设备，一台价值不到2万元的水质监测仪器从提请购文件到到达现场，时间竟达13个月，因为生活水系统急于投用，建设方项目部只能委托施工方先采购了一台简易的暂时代替。好在这一施工承包商也承接了一套主装置，因此，条件具备时，在泵房施工，条件不具备时，撤回装置施工。其后，鉴于建设方采购周期如此之长，后续变更增加的材料转而委托施工方采购。

滞缓也源于泵的修理上。此泵房中计有十余台泵，其中半数是消防泵，消防泵是由北方一家老国有企业生产的，其余的泵则由南方一家新兴民营企业生产。这些设备在负荷试车时，就有三分之二出现问题，两家各占一半。两家制造商为此各先后到场5次之多，而在交工时仍有一台生产给水泵的振动超标问题未解决。两厂家均以最低价中标，消防泵厂家项目负责人到现场时常与建设方说起这出奇的低价，消防泵厂家技术人员也常抱怨来回不小的花费与泵的价钱相比不相称，另一厂家项目负责人则拿低价与他们的多次维修相比，意思是他们的诚意已到。自然，这两家人员之所以往来数次维修，根本原因在于泵本身问题之多、问题之严重，如柴油电动泵用于固定联轴器的销子竟然能在键槽中滑动、供油系统的中转油箱无法实现原要求的远程监控，而在维修拆解生活水泵、生产水泵时，建设方发现泵的机械密封、轴承并不是技术协议中所要求的知名品牌。除此，消防泵还涉及PLC机柜及自动控制系统方面的问题以及它们与火灾自动报警系统的接入事项。消防泵原本所缺的以及新增补而厂家承诺免费提供的少量备件，自提出到最终到货超过半年时间。

设计问题之多、设计变更出图速度之慢、质量之低也是导致本工程滞缓的另一个主要原因，这尤其体现在较为复杂的设计问题处理上，最为突出的是管道支架问题。在消防给水泵负荷试车时，即发现出口管线及主干管振动剧烈，两台消防稳压泵摩擦副联轴节因此损耗迅速。在问题发现之初，设计方一口否认在管道设计上存在问题，并发现了未按图施工的问题，但在整改后问题依旧，其后设计方不再持有此态度，但却不主动研究、解决，而是由建设方拖着往前走。最终，在经过增设支架、支架加固、泵进出口设金属软管这三次改造后，方才将问题解决。在施工期间，多数时候设计代表是由一名土建专业的设计人员担任，问题传递效率较低，而设计院内部解决问题的速度更是缓慢。另外，一些材料的增补其实是因为设计料表的错误，与实际所需相比，它们在数量上常有大的偏差，而在各类小件上料表也多有疏漏。

最后，滞缓也与建设方生产人员所提变更要求在时间上的零散断续、"不及时"相关。在项目进入到中后期而项目实体已较全面地显现出来之后，建设方的生产人员由此发现设计上存在的诸多不如人意的地方，并就此提出变更要求，其中有些是针对明显有违常规的问题，有些则是从更利于监测或更利于操作角度出发而提出的要求。就后一种情况来说，它们也多有其合理之处，但它们的提出时间过于分散，有些则是在泵房正式投用时才提出来的。对此，如果这些变更不涉及建设方的采购，施工方也都能穿插完成，而一旦需要建设方采购，就颇为难办，而针对委托施工方采购，彼时建设方总部要求必须经过更严格审查，如果是设备或重要材料，则原本就不允许委托他方采购，与此同时，随着委托施工方采购材料的增加以及施工方内部更严格的管控，也因为建设方认价迟缓、相应费用支付遥遥无期，施工方拒绝再代为采购了。

案例分析：

这是一个因为建设方在采购及设计上提供条件不足导致施工进度严重滞后的典型案例。

采购上的问题首先是采购周期时间超长。但凡采购，无论是何物品，也无论数量多少、金额大小，都一律需要在集团这样高的层面上进行，一样的流程、一样的采购权限，这种模式怎么能适应具体情况迥异、无法准确预测的项目？这样超级缓慢的速度又怎么能适应得了项目的进度要求？这速度想必连《疯狂动物城》中的树懒都望尘莫及。那种以为如无错误则一切都在计划中的这似有道理却是简单、幼稚的意识，只能出自对项目毫无切身体验的空想。漫长的流程也导致请购中问题反馈及问题处理异常缓慢，阻碍了供应商与最终用户之间正常的工作沟通。采购上的另一个问题是在设备到场后发现质量问题的处理上。因采购权已被集团收走，负责直接与供应商、制造商进行商务谈判的是集团下的物资总公司，而非项目部。供应商、制造商与物资总公司建立起了相应的沟通渠道，前者也有足够强烈的意愿与后者建立起良好关系，但这渠道和意愿却在质量问题的处理上意义甚微，因为它们未能与项目部现场直接相连而成一体。虽然款项拨付要先经现场采购人员的批准，但物资总公司在问题处理上的消极态度以及它对项目部具有的强大制约能力使后者只能对它隐忍，这极大弱化了项目部对供应商、制造商具有的约束力。因此，像机泵那类重大问题，每次只有经过项目部多次敦促且多次与厂家直接沟通，费尽周折后方到场处理。从图6-5、图6-6中可以看出，与采购权收归集团前的原有流程相比，现有采购质量问题处理流程虽然在非正式沟通渠道上少变化，但它对供应商、制造商的约束力明显减弱，而项目采购部与供应商、制造商之间原有的正式沟通渠道现在却变成为效力微弱的非正式沟通渠道，正式的信息只有通过项目采购部或项目主任组经由物资总公司后方才到达供应商、制造商那里。且不说因此反映的问题大为减少，就信息传递本身来说，信息将因多层过滤而遭受显著损失，同时，这也显著减损了本应具有的紧迫感。对于那些供需终端在初期无法直接沟通的采购，更有着货不对路的风险，尤其是零散、非标构配件或非定型小型设备，更难免有错。

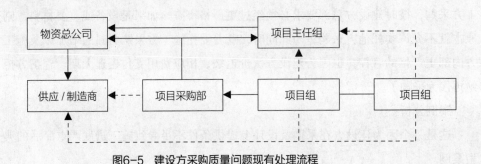

图6-5　建设方采购质量问题现有处理流程

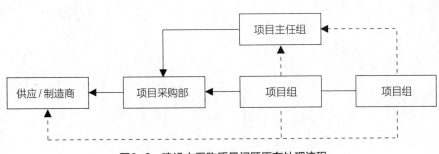

图6-6　建设方采购质量问题原有处理流程

　　设计上的问题，首先是图纸错误多、问题多，这或是设计图纸本身的错误，或是有违项目具体情况，或是设计深度不足，或是未能按建设方提出的设计要求设计。这些自然主要是因为设计方设计人员的经验、责任心不足、设计质量管理体系不健全所致，设计方虽是国内大型知名工程公司，但负责具体设计的却是被它迅猛收购的诸院中的一个设计院，它的设计质量无法与总部相比，而建设方未能认真、扎实地组织图纸审查也是造成设计问题流转到施工阶段的又一主要原因，同时，也与施工方技术管理不严、技术准备不足紧密相关。就施工方来说，因为他的图纸审查责任本就不易明确，面对图纸陆续发来的现状，除非他自身真正认识到做好图纸审查对他自身的直接益处，否则，他就不会对图纸进行足够细致、全面的审查，自然也就不会获得必要的前瞻性和提前量，而作为建设方，他也应大力敦促施工方、监理方做好图纸审查。设计上的问题，还体现在对设计问题的处理上以及对建设方变更要求的处理上时间迟缓、质量不好，而这主要是因为设计方的工作态度、服务意识、设计能力所致，但也与建设方设计管理失效不无关系，它们转而成为向施工方提供的设计条件问题，由此对工程本身及施工方造成的损失也只能由建设方承担了。在设计上，还有建设方在提出设计要求方面存在的问题。作为建设方，在基础设计或详细设计之前，囿于信息的有限无法将所有要求全部提出，从而设计要求难免会在施工阶段提出，但这应当尽可能集中、统一地来做。为此，就不能仅仅通过现场查看而应当更多地通过图纸审查来发现设计应当改进之处，以能给采购及施工留下尽可能多的时间。

　　施工方的问题，主要在于图纸审查的严重不足，它导致设计问题发现的零散，这在电气、仪表专业上尤为明显。其中，有少数设计问题确是难以通过设计图纸发现的，但多数却是本可在图纸审查时发现的。因审查的不足，使得施工方自身的利益也受损。

监理作用的发挥

第七章

第一节　行业现状及建设方的认识

一、行业现状及其成因

在工程建设领域，监理作为不可或缺的一方发挥着其他参建方不能发挥的独有作用，它在建设方与承包商之间的合作与冲突中充分发挥着第三方作用，而它自身也因其合同义务和自有利益而与建设方和承包商形成合作和冲突共存的紧密关系。

我国建设工程监理制"于1988年开始试点，5年后逐步推广，1997年《中华人民共和国建筑法》以法律制度的形式作出规定"[①]。监理制度现已发展壮大，它作为建设领域重要的一方，发挥着自己独有的巨大作用，同时，不可否认的是，在监理公司的实力和信誉上、在监理人员的水平和职业操守上，多年来始终存在的参差不齐、高低不一、鱼龙混杂的不良状况不但没得到有效扭转，反有越趋恶化之势。在这个行业中，既有知识全面、经验丰富、恪尽职守、勤勉敬业的优秀人才，也有一知半解、经验匮乏而完全不能满足岗位要求的滥竽充数者、信奉"一手托两家"这一庸俗信条、没有原则、不做实事的圆滑混世者以及玩忽职守、吃拿卡要的不良分子。在这个行业里，既有体系健全、制度完善、讲求成效、信誉至上的优秀企业，也有制度缺失、没有管理、不求信誉、唯利是图的劣质企业。

形成以上现状的原因是多方面的，首先，初期在监理培育、推广过程中，政策制定的过急、过大导致监理人员需求激增，社会可提供的、愿意进入监理行业的合格人才远不能满足这一需求，从而使以次充好成为普遍问题，监理行业也就难以建立起良好的普遍信誉，这导致了一定程度的恶性循环，为后续问题留下病根；其次，也是与建设方对监理作用认识不足、对监理人员缺乏信任和有效管理、自身抓权不放而授权不足、侵犯监理权力紧密关联；其次，监理公司自身自律性差、相互间恶性竞争导致监理取费低、人员薪酬低、待遇差也是一个重要原因，这方面的问题加上项目的临时性特征、监理任务时多时少、断续不定使得监理人员流行性大、监理公司对人员的管理缺乏持续性，与此同时，监理行业又存在自我约束不严、个人信誉机制远未建立的问题；最后，近年来建设方、各类工程公司等对同类人员的大量吸纳也极大地加剧了监理行业人员不足的困境。以上诸多原因导致了监理现状，而这些原因之间也有内在关联，除了第一方面原因外，其他所有原因都互为因果，相互"促进"，从而使监理行业在目前的困境中难以自拔。

[①]　引自《建设工程监理概论》2003年第一版第1页。

二、建设方对监理的认识

无论是《建筑法》、《建设工程质量管理条例》、《建设工程安全生产管理条例》，还是监理合同，在质量和安全的监管上，监理的地位、被赋予的权力和责任都是明确、具体而独有的，建设方是否充分认识到监理的作用、是否能通过自身的角色和权力使监理作用得以充分发挥，也就具有了一定的法律性质。

作为一个具体的建设方，他或是已历经多个项目，或是才因这一项目而接触到建设领域，因此，他对监理的认识或出于自身亲历或源于其他亲历者或仅是道听途说。由认识而必然产生出相应的态度和做法，或是怀疑甚至不相信监理能履行好自身义务，就此，他用监理仅是履行法定义务，十余年前即已出现了建设方对监理只求盖章不求其管的极端但不罕见的事例，或是对监理寄予厚望，相信他能对质量及安全进行有效监管，并能做好协调工作，乃至能很好地监督承包商在各个方面合同义务的履行，因此，建设方充分放权，自身项目人员寥寥无几。

凡认识都要与现实相符，否则，必定使自己的行动达不到自己所求的目的，对监理的认识亦然。既不可过于理想化而认识不到混杂的现状，也不可过于悲观而抹杀监理所能发挥的作用，无论如何，基于监理的现状，作为建设方，是能够通过发挥自身的主观能动性而使监理发挥出应有作用的。而如果在监理之上，建设方另外组成一个施工质量乃至施工安全的监督管理机构，并赋予它与监理类似的职能，就很有可能因为机构重叠而事倍功半。作为建设方，务必认识到，通过慎重择优选择和有效管理，是能够使监理发挥出应有作用的，关键就在于选择和管理。自然，不可否认的是，随着监理行业普遍性问题越来越突出，选择和管理就必须要有更高的水平和更强的力度。

第二节　定监理范围、选监理公司、确立项目监理机构

一、确定委托监理和明确委托范围

在《建设工程质量管理条例》、《建设工程监理范围和规模标准规定》中明确了何种范围的工程必须委托监理，除此之外，由建设方自主决定，而这又取决于以下几点：一是项目本身的特点，即项目规模、复杂程度等；二是建设方项目管理人员的数量、结构和能力；三是可用的监理资源。项目所处行业不同，监理发展各不同，可资利用的优质监理资源多寡也各不相同，但除非建设方有持续不断、规模相

当的项目，它的项目管理人员因此有长期稳定存在的价值，否则，对于规模稍大、施工复杂、专业化程度较高的项目，建设方也应委托监理代为监管。

一旦决定委托监理，就必须明确监理的工作范围。质量及安全义务责无旁贷，与质量紧密相关的进度和费用以及与施工作业密不可分的文明施工，也常被建设方一同委托。自然，进度方面常限于计划审查、实施跟踪、督促进展这类浅层次监管，而费用常仅是涉及现场签证、变更、进度款所及工程量的审核和确认，如果在这两方面有更为深入的管理要求，就要在招标文件和合同中表述清楚，而这也要以监理市场足可提供具有选择余地的人力资源为前提。

二、选择适宜的监理公司

"监理是接受建设单位委托、承担其项目管理工作，并代表建设单位对承建单位的建设行为进行监控的专业化服务活动"①。监理提供的是专业智能服务，选择一个好的监理公司和项目监理机构，是确保获得优质专业化服务的首要条件。

选择监理公司，如采用招标方式，鉴于目前监理行业现状，除非因为专业性强、资质要求高使得符合条件的均是管理严格、讲求信誉的监理公司，否则，为避免不良监理公司混入其中而被误选，毫无疑义只应采用邀请招标方式。

在决定采用邀请招标后，建设方就要在对监理市场作广泛细致了解的基础上选出数家口碑较好、信誉较高、有与项目相近业绩的监理公司作为潜在投标人，并对他们进行认真考察，这种考察要从三个方面进行。首先是他对廉正的重视程度，监理工作必然具有的灵活性和较大自由裁量权、监理外在约束机制的薄弱使得廉正尤显重要，而唯有监理公司自身对廉正高度重视，方能将廉正的要求落实在招人、选人、用人、管人上，方能有相关制度的建立、完善和有效执行；其次是与监理工作相关的各类规章制度，这先要通过查看制度内容判定它的适宜性和全面性，其后通过查看佐证材料、在建项目上考察具体监理工作来判定它的执行情况；其次是与人事管理相关的规章制度及福利待遇情况，具有一定水准的福利待遇是有较丰富的人才来源的基础和前提，而唯有严谨、合理、有效的人事制度才能有较严格的人员录入、较准确全面的人员考评，才能形成合理有效的激励机制，从而才能确保人员符合要求且具有稳定性，同时又具有工作的积极性。

以上这些实质上也是评委评标时需要重点关注的几类事项，只不过此时要通过

---

① 引自《建设工程监理概论》2003第一版第2页。

审查投标文件及问题澄清而对监理公司做出进一步判定。如果建设方对某一监理公司已有足够深的了解，对他也有足够的信心，似乎就没有了去总部考察的必要性，但是，建设方应借此与他的公司领导当面沟通，以维护高层沟通渠道，并使其对本项目足够重视，以能准备出符合要求的项目监理人员。

选择监理公司，要秉承"基于能力的选择"这一原则，过多考虑报价因素将得不偿失，这主要在于建设方将因此使优秀的监理公司退出，从而失去了委托他进行监理的机会，甚至最终只能选定质次价低的监理公司。但也不可否认的是，监理公司自有统一的薪酬、待遇制度，某一建设方在监理费用上的不吝付出也限于监理公司这一层，他因此可以选定优秀的监理公司，并增加了后者对他所提要求的重视程度，但却无法直接影响到他在自己项目上的监理人员的薪酬和待遇，因此也无法穿透监理公司而直接促使其内的优秀监理人员到自己这一项目上。

三、确立适宜的项目监理机构

监理公司重要，项目监理机构同样重要，这种重要性体现在机构设置和确定人员这两方面。对此，建设方要依据项目特点和监理范围，以充分履行监理义务为根本而在招标文件中提出要求，在组织结构上要有适宜的专业配备及层次搭配，在人员条件上要有足够的技术上的和管理上的经验和知识、要有足够的责任心和较高的职业道德水准。就确定人员来说，自然是指总监、总监代表、监理工程师这三类主要岗位，这可透过招标前的考察、招标时的评标、合同谈判时的正式面试、合同执行时的进一步确认等方式进行。其中，与后两种不同的是，前两种方式尤其是招标时的评标因为程序限定而使得选人与选单位捆绑在一起。

在此需要强调的是，在常规性要求之外，对于总监、总代和监理工程师，要针对项目具体特征确定特定要求；监理工程师与总监或总代具有同等重要性，而无论总监、总代或监理工程师，品质、责任心始终是第一要求；针对实际到场的监理人员不是原定人选这一普遍性问题，要有具体、有效、严格的防治措施，并将相应处罚措施写入招标文件及合同中。

第三节　支持、监督和自身义务履行

在被选定的监理公司与建设方签订监理合同后，就进入到监理合同执行阶段。在这一阶段，建设方对监理的管理成为决定监理工作质量的最终因素，而这管理主要在支持、监督和自身义务履行这三个方面。明确、积极、充分的支持赋予了监理实质权力，并给监理工作提供了必要的软环境，严格的监督为履行监理职责、发挥监理作用形成了必不可少的外部约束机制，而建设方合同义务的履行确保了监理具有良好的工作条件和工作环境。

一、支持监理工作

就建设方与监理的关系来说，首要的是相互间建立起必要的信任，无论哪一方，都应当在相互工作往来中及时而渐进地认识对方、了解对方，进而准确把握对方，与此同时，作为监理适时调整自身，由此在双方间建立起互信。

就监理与承包商的关系来说，监理的实质权力来自于建设方对监理工作的明确、积极、充分的支持，这也是形成监理工作所必需的软环境的关键。如果没有建设方的这种支持，承包商就会无视监理要求甚至拒不执行监理的正确指令，因为他可以凭借与建设方的关系而使自己毫发无损，而建设方偏袒的态度却使监理工作困难倍增，并使监理无所适从，进而瞻前顾后、谨小慎微，工作的积极性、主动性就此大为削减。建设方要做到对监理工作的足够支持，就应当做好以下几方面事项。

1. 提高认识、尊重监理权力

要深刻认识到建设方的支持是发挥监理应有作用的必要前提，而监理作用的充分发挥又将有效保证工程质量和施工安全。

无论法律、法规或是监理规范、监理合同，都赋予了监理在质量和安全监管上充分的权力，但监理实际的权力常会因建设方的深度介入而消减，甚至由此造成对监理权力的侵犯，建设方跨过监理直接签批进度工程量的现象并非个例。作为建设方，对监理正当行使自己的权力不能干涉，凡是在监理合同中明确赋予监理的权力，建设方都要予以足够尊重，而在质量和安全上，不应越过监理而单独予以放行，更不能放行监理已明确不予放行的工序、同意监理已明确不同意的事项，否则，监理的权力和地位必定大受削弱，监理的威信和形象也必定大受损害。在质量和安全上，建设方的合理要求通过监理行使的权力来贯彻，建设方的适度灵活也需要监理认同并由监理具体把握。

2. 保证自身人员的品质和能力

建设方项目管理人员的品质和能力是做好项目的重要保证，也是支持监理的重要前提。如果建设方人员品质存在问题，就会从工程中渔利，而这会与监理的正当监管相冲突，支持也就无从谈起。用好监理需要建设方人员有足够的管理能力，监督监理需要能力，支持监理也需要能力，因为支持并非仅是简单的态度和姿态而已。

3. 注意监理威信和形象的维护

监理足够的威信和严格、认真、公正的形象将使监理工作能够顺利开展、使监理要求得以及时、有效地落实，乃至因这威信和形象促使承包商自觉强化内部的质量管理和安全管理。这威信和形象首先取决于监理自身，但在此之上，建设方的维护也不可或缺，对此，除尊重监理权力外，还应注意以下几点：

首先，要内外有别，有承包商在场时不随意批评监理，也不与承包商私下说监理的问题，否则，反映出的就不仅仅是建设方的不满，严重点说，是建设方对监理角色的否定。

其次，及时、有效地纠正不尊重监理的态度。相互尊重是工作往来的基础，承包商对监理的尊重也是监理开展工作的基本条件。如果因严格监理而发生了监理被骂、被打的恶性事件，作为建设方，在核实之后，必须要及时严肃地处理。

其次，严厉而一贯地处治承包商违背基本程序的行为。除非事项特殊，并由建设方或监理方发出指令，否则，基本程序的违背是严重的问题，对不按程序向监理报验而直接进入下步施工的，隐蔽工程，必须将工程剥露或打开，非隐蔽工程，必须立即停止施工，验收通过后方可复工，对验收未过却直接进入下步施工的，也必须立即停工整改。无论是建设方或是监理，始终如一的严厉将使承包商杜绝侥幸心理，更知道越过监理必定会有的严重后果，因此也就不会再越雷池一步了。

最后，慎重解决承包商与监理之间的分歧。除非是明显的态度问题，否则，对承包商与监理的分歧，既不能以立场角度要求承包商必须服从，也不能否定监理的严格要求，如其不然，当时的问题在建设方施予的压力下看似解决，但两者间的矛盾必会因此而生或因此而增。作为建设方，要首先要求或促使承包商积极主动地与监理沟通，消除因信息有限、沟通不畅、角色不同及相互间的不良情绪而导致的分歧。分歧仍在，则就由各自总部提供技术支持或在总部层次分析、判定，对质量是否符合要求的问题，也可由质量监督机构裁定或由双方都认可的第三方质检机构鉴定，对重大而复杂的方案措施类问题，最后可由建设方组织专家裁定。

二、监督监理工作

凡义务的履行一靠自觉，二靠监督，监理亦不例外。在此并不否定优秀的监理公司、监理人员即使无任何外在监督，也能积极而严格地履行自身义务，但作为建设方，针对监理工作，仍必须建立起一个有效监督机制，否则，就将使工程面临自身无法承受的风险。通过对监理必要的监督，发现并非严重的问题，就适时适当地予以指正，而如发现严重的问题，就要采取通报监理总部、撤换人员、实施惩罚等严厉措施。建设方对监理工作的查验应细致，但对问题的处理务必从大处着眼，否则，就容易对监理工作形成束缚，对监理人员的积极性造成伤害。就日常来说，监督之后即是指正和引导，两者前后相连，它们应通过以下几种方式进行，又因要求在先，以下先阐述了对监理纪律和履职方面的要求。

1. 对纪律及履职的要求

因为监理工作的特点，除了对监理业务本身的要求外，作为建设方，还要在合同中对监理工作纪律和履行监理职责两个方面提出明确要求，对严重违纪、严重失职行为的处治措施也要放入合同中，以此作为对监理有效管理的依据。

对监理纪律的要求，这纪律即包括对监理工作制度的遵守，更包括对监理行为准则的遵行。对监理与承包商等进行权钱交易或利用手中权力向承包商索取钱物的行为，一经发现，必须将相应监理人员撤换。对监理履职的要求，对履职的评判可有多种方式，而对在监理范围内发生的突出、重大问题作的调查是做出这一评判的最有效依据，如有确凿证据证明监理对此有较为重大的失职行为，就必须追究监理责任，并采取相应的处治措施。

2. 通过工作的过程和结果客观判定

通过工作过程，这既要看监理规划、监理细则、旁站方案的执行情况，也要看监理对质量问题发现的及时性、准确性以及对质量问题的预控程度，尤其是对可能发生的或已经发生的突出的、重大的质量问题。通过工作结果，即以已经过监理审批通过的资料、验收放行的实体是否存在着明显的或重大的不合格而予以判定。已审查通过的施工组织设计多处出现企业名称、工程名称错误，说明承包商照搬照抄、简单对付，而监理审查的质量也可想而知。某一化工项目，当在回填因敷设其他管道而被挖开的地下钢制管道时，管道竟然断裂，清除覆土后发现断裂处焊口未焊完、防腐补口未做，而这却早已通过监理验收，监理之失职暴露无遗。

3. 以监理人员为对象进行监督

在这方面，主要是监督监理总部按约定派人到场以及对主要监理人员进行必要的考察。首先检查监理公司是否按约定的人选和约定的时间节点到场，如不相符且未事先经建设方批准，就严格按合同约定处理，其后对总监、总代、专业工程师的品质、责任心、能力进行考察，发现有不符合要求的人员，就提出撤换要求，对此应设定必要的试用期，当然，在试用期结束后，对监理的工作纪律和工作行为仍要有持续性的监督。

4. 指正和引导是对监理问题处理的日常方式

指正，即在发现监理问题或监理不足后，及时向监理提出，以使其及早改正和改进。这种指正间隔不一，或是定期或是非定期，形式不一，或是正式或是非正式，但不应当频繁、细碎、零散，而应着重针对系统性、关键性的管理问题或较为典型、突出、重大的问题，一个反例是曾有建设方人员因焊条头随意乱丢而责问监理。这种指正以促进监理履行自身职责为根本，但也含有对监理工作中的片面性所作的矫正，因为监理在质量、安全上的法定监管义务使他容易产生这种片面性想法。

引导，则是在发现监理在理念、意识和管理行为中存在不足之后，以建设方较高的专业素养、管理水准、较宽广的视角积极引导之，从而使其相应理念、意识获得提升、使其管理行为得到规划，进而使其行事与建设方的要求相一致。

在此还需强调的是，监督的结果即可能是对监理失职、对监理问题的处治和处理，也可以是对监理尽职尽责的奖励。对表现突出的优秀监理部和优秀监理人员，作为建设方，也要旗帜鲜明地、大张旗鼓地表扬和奖励，这既显示了监理工作对建设方的重要意义，也借此树立起了好的监理典型。同时，即使监理堪称优秀，但这表扬或指正也要具有持续性，由此显示建设方始终在关注着监理活动，而不是放入不管。

三、充分履行自身义务

建设方要充分履行自身义务，为监理工作的开展创造良好的外在条件。其中的首要条件就是对监理的支持，虽然并不是合同中明示的义务。其次是及时、全面地提供监理工作所需的项目资料、工程信息，而除非保密需要，否则，建设方既有的其他项目信息也要尽可能地让监理分享，因为建设方面的任何信息都有可能利于监理工作，一个反例是不给监理提供承包商的投标文件乃至承包合同，认为按监理规范做足矣，建设方的其他义务如按合同约定提供办公场所、办公设施等以及监理费用及时按量拨付等，建设方多能做到，就此不再赘述。

第四节　项目管理方与监理方的关系

一、现实状况

或许是鉴于监理行业发展现状与最初设想有较大差异，建设部于2003年2月以建市（2003）30号文出台了《关于培育发展工程总承包和建设项目管理企业的指导意见》，它的核心是倡导建设项目管理委托制度。经过十余年的演变，在建筑行业内，仍少有建设方将项目全权委托他方进行全面管理，但是像石油化工等行业，所及多是专业分工细致、技术复杂、规模庞大的项目，项目管理委托模式已稍具规模，专职从事项目管理的公司也非罕见。

　　从实质上说，监理工作同样是一种项目管理，只是它主要是在施工质量和施工安全这两个方面，我们所说的项目管理方在施工阶段对质量和安全的监管与它高度重叠，但从履职依据上看，监理不仅以合同为据，还有国家法律、法规作依托。也正因此，如果建设方所委托的项目管理范围不是整个大型项目，而是其中的几套装置、几个单体，作为建设方，就完全可以将监理任务一并委托给同一家公司，自然，它必须具有监理公司资质和足够有资质的监理人员。项目管理方的工作是全过程、全方位的，它从设计管理起始，其后是采购管理、施工管理、合同关闭，并切实地履行费用、进度管理职责。因此，它的组织结构比监理部的组织结构要复杂得多，而它的人工单价也比监理高数倍。

二、项目管理方的作用和前景

　　作为建设方，它与项目管理方的关系和它与监理方的关系相近，因此，为发挥监理作用所秉持的、所采用的那些原则、方法和手段也完全适用于项目管理方，除此，还需注意两个方面的分工，即项目管理方与监理的分工和项目管理方与建设方自身的分工。

　　在前一种分工上，最佳办法就是将监理工作含于项目管理之内，即同一项目范围的监理业务和项目管理业务由一家公司承担，如果因客观原因无法做到这一点，建设方仍完全不必要求项目管理方再配一套施工质量和现场安全监管人员，否则，就是叠床架屋，对此有两种方案：一种方案是项目管理方仍有与监理相近的质量、安全职责，为此，它要参与监理的选定，而在施工阶段，它要将监理纳入到它的项目管理体系中来，为此，要配备一名综合管理能力以及施工质量、安全管理经验明显强于监理的人员，以管理、监督、指导、协调监理工作；另一种方案是项目管理方虽然仍有施工质量、安全职责，但这仅限于他不得与监理指令、要求相冲突，即在施工质量、安全上，他有与监理保持一致的义务，他在进度上的安排和要求要以此为前提，为此，监理的指令和要求、对承包商报审的批复虽然未必经他再传递到另一方，但他却必须知晓，因此，他必须参加监理例会，他必须得到监理审批结果，在此情况下，在施工阶段，监理、项目管理方、承包商的指令路径和信息流如图7-1所示。

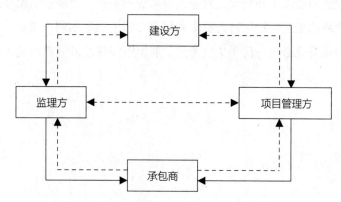

图7-1 第二种方案下三方的指令路径和信息流

在后一种分工上，因为有项目管理方，建设方更应退于后，更准确地说，它要从项目的日常管理中脱离出来而站在更上一层高度进行管控，它的项目管理人员更少，但也要更精干，并将他们用在那些更重大、历时更久的事项以及那些具有方向性、系统性、普遍性的要求上。也正因此，作为项目管理方，它必须具有自我激励的足够的内在机制和足够的自有责任心，而不能依赖于建设方对它的严密监管和不断督促，在此，项目管理方代替了以往的建设方，从而以建设方那样的责任心和紧迫感来进行监管和督促。

以前的建设部、现在的住房和城乡建设部希望借助代建设方管理项目来使监理行业走出困境，将它提升到一个新的更高层次。这一思路无疑是正确的，但它的基础和确立监理制时所立足的基础相同，并同样寄予厚望，但有所不同的是，现在不存在国家的强制性因素，因无强制，它就如幼苗般依自然规律成长，同时，现在人员的流动性也是以往无法比拟的。有赖于市场经济的发展，作为建设方，它内部约束的强化和效益的压力也使它们对委托授权有了新的认识，如果建设方少有同类项目，它必定更希望能由专业化的公司代它对项目进行全程又全面的管理，现在至为关键的是项目管理方的信誉如何，因为这完全决定了建设方能否放心地将花费其巨量资金的项目托付与它。

无论是作为一个公司或是作为一个全新行业，注重形象、积累信誉都是获得市场的关键，也是获得建设方充分信任和充分授权的关键。信誉产生信任，信任致成授权，充分信任、充分授权将使建设方在项目管理费用上不吝投入，如项目管理公司也从长计议，就会对优秀人才形成足够强的吸引力，由此形成良性循环。反之，如果项目管理公司追求短期利润，对进人素质要求不严，对职业道德要求不高，缺乏对人员的严格约束，它的项目人员常利用手中权力谋取私利，那么，这一公司乃至这一行业的声誉就必定一落千丈，若此，非但不能使监理突破困境，反倒使自身消亡。

大型项目的文化建设

第八章

第一节　项目文化的定义和意义

一、项目文化定义及存在的必然性

人与人之间的互动行为莫不是以各自具有的文化为基础，彼此双方各自文化的共同性内容越多，合作共赢的区域就越深越广，因沟通问题导致的不良冲突就越少越轻。鉴于时间的限制，中小型建设项目未必能形成自有特征明显的项目文化，但大型建设项目却有完全的条件形成一个以建设方和其他主要参建方为主体的项目文化，并能够具有自己较为鲜明的特征，这特征越与实现项目共同目标的需要相一致，项目各方间的合作就越为深入和广泛，各方间的冲突对项目的不良作用就越少。

不同的建设项目，给人的整体印象各不相同。有的项目，给我们呈现的是注重程序、注重稳扎稳打、注重正式沟通；有的项目，给我们呈现的是注重灵活、注重快速推进、注重当面交流；有的项目，给我们呈现的是重合同、规整有序、合作共赢的景象；有的项目，给我们呈现的是重关系、纷繁忙碌、争执冲突的景象，这莫不是不同的项目文化所致。

大型建设项目虽然参建方众多，但当我们置身项目外观察时，就会看到一个由各方项目组织构成并居其上的组织，它未必有明晰边界，但仍构成一个相对完整的体系。依据定义，组织是为实现共同而明确的目标，通过劳动分工及责权利划分而有计划地协调人的活动所形成的系统，就项目而言，建设方通过合同形成项目的共同目标并通过合同进行分工及责权利的划分，进而使各方活动实现有计划地协调，因此，确是存在一个将各方项目组织囊括其中的大"项目组织"，如图8-1所示。

既然客观上存在着作为一个整体的大"项目组织"，也就完全可以形成一个整体呈现于外的项目文化，就此，我们可以将项目文化作如下定义，大"项目组织"在解决它的外部适应和内部整合问题的过程中，以项目为核心、由建设方及其他主要参建方形成的共同的信念、文化观念、道德规范、价值观、行为准则等，而它的生命力的强弱：一是取决于建设方对项目共同利益的开发和共同目标的设立；二是取决于建设方在项目文化建设过程中主导性作用的发挥；三是取决于项目文化内容满足外部适应、内部整合要求的程度。

二、建设项目文化的意义

任何一个完整、独立的组织，其整体管理状态都是由它的管理体系决定的，而它的组织文化决定了它的管理体系，同理，项目文化决定了项目管理体系，通过项

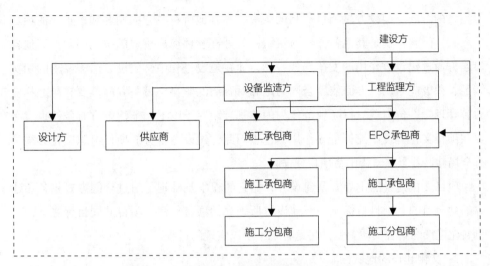

图8-1　大"项目组织"

目文化建设将使项目管理体系得以顺利建立，并得以有效完善，由此使项目各项管理处于高水准的良好状态中。

　　大型建设项目是由建设方和各自独立的其他参建方项目组织共同完成的，它们都有各自不同的文化作为指导完成项目任务的基础，而建设方则通过对自身项目组织文化的精心培育、对其他各方项目组织文化形成过程的积极引导来形成一个完整的项目文化，从而将各方凝聚成一体，并使各方在项目建设过程中能够协调一致。

　　项目文化建设的根本目的是确保项目成功。对于规模小、历时短、工序简单的项目，因时间、资源所限，作为建设方，关键是通过选定供方过程确保其他主要参建方的文化不与自身的文化存在对立或发生严重冲突，而对于大型项目，因为规模大、历时长、涉及面广、相互界面多、管理层级多，直观化的管理绝难保证项目的成功，为此，就必须积极培育、建设、维护项目文化，以能为项目共同目标的实现、项目使命的完成奠定坚固基石。

第二节　项目文化的特点和内容

一、项目文化主要特点

1. 建设方在文化形成中的主导性

大型建设项目，参与者众多，但无论哪一方，相互关系的根本基础都是与建设方签订的合同，建设方是项目产品的买家、是其他所有各方的顾客和最重要的项目干系人，因此，也是其他各方项目组织所处外部软环境最重要的决定因素。其他各参建方通过建设方作用的发挥连成一体，而在建设过程中，建设方诸多要求的切实满足、积极应对，一方面依靠合同约定和对履约的监督，另一方面也要有与之相应的管理理念、价值观、行为规范作为内在基础。鉴于以上，唯建设方有条件也有必要在项目文化建设中发挥主导作用，也正因此，建设方自身的项目组织文化必须具有全局性，并且要紧密围绕项目使命。

　　项目文化建设的主导者是建设方，而它的根本基础则是通过合同方式将各参建方的项目目的、项目目标统一于建设方所确立的项目使命、项目共同目标之下，项目文化建设的过程实质上就是将这种统一予以实现的过程。

　　2. 文化建设的地域性

　　因大型建设项目的特点，参建方直接从事项目工作的人员按地域主要分为在现场工作的及在总部工作的两类。对建设方来说，在转入详细设计阶段后，主要是在现场，监理人员工作地点均在现场，施工承包商除集中采购人员外，也是如此，而EPC承包商或EPCM管理方的大部分设计、采购人员主要是在其总部，现场人员以施工管理为主，兼现场采购、设计服务及相应协调人员。

　　现代通信技术的发展使异地交流沟通的工具不断推陈出新，但与最便捷、最有效、最充分的当面沟通相比，其仍无法达到当面感知、体味、观察所得效果，更兼许多当面非正式的沟通对于组织文化的形成也有着重要作用，因此，项目文化建设具有较为显著的地域性，即现场各方人员是项目文化形成过程的主要参与者，也是项目文化的主要载体。

　　3. 文化建设的层次性

　　就项目现场来说，在管理上它有三个泾渭分明的层次，即决策层、管理层、作业层，第一层为各方项目组织领导，第二层为各方的其他管理人员，第三层为施工作业层，其中的第三层通常由劳务方人员构成。

　　管理的层次性导致文化建设的层次性。因时间约束、资源有限，建设方只能将前两层即决策层和管理层作为共同参与文化建设的主体，并通过第二层将项目文化传输到施工作业层，自然，也可同步进行作业层的项目文化建设，但这只能作为某一辅助性专题活动，而无法成为常态，某一个大型工业项目，建设方响应集团号召，组织开展了施工班组安全文化建设活动，随着施工人员日益增加，此活动最终不了了之。普遍的行业现状使前两层与作业层的文化关系几近割断，而施工的特点又使作业层有较高的流动性，项目文化因素由上向下的传输因此必定微弱，如何增强项目文化在作业层的影响和作用因此成为项目文化建设目前面临的主要难题。

4. 主体组织的非唯一性和横向隔离的特点

通常情况下，一个文化只对应一个主体，项目文化对应的主体虽然是大"项目组织"，但后者是由建设方及相互独立的其他各参建方项目组织组成，这使得项目文化的主体实质上并不是单独一个组织。一方面，它存在于建设方项目组织文化中，存在于其中与这样一类事项相关的文化内容中，即，仅与建设方相关或仅依从于建设方且属于项目全局性的事项；另一方面，它存在于建设方、其他主要参建方项目组织文化的共同内容中。

就通常的组织而言，基于劳动及职责分工，同层级各部分相互具有紧密的横向联系和较频繁的日常交流，大"项目组织"则不然，各EPC承包商相互间、各监理方相互间除非涉及相互界面，否则少有工作关联，而并行的施工承包商相互间除非涉及工序交接或工序交叉，否则，也是如此，而就一个工程任务而言，各承包商是与单一建设方、单一监理形成紧密的工作联系，这些都决定了项目文化的横向隔离特点。

二、项目文化主要内容

组织文化以外部适应、内部整合、自身使命为根本，由此形成自己的内在本质和外显特征。每个具体的项目，都有具体的项目环境、建设资源市场、项目投用后的产品市场，都有具体的项目使命，建设方需要以此为基础构建自身的项目组织文化，并由此引导形成各具特色的项目文化。另一方面，建设项目的共性使之具有了共同的文化内容，各方相互关系、公与私关系、开放或封闭、集权或授权、质量、安全、进度和费用管理、均衡管理构成了其主要部分，其中，前四个方面又分别是对外行为、自我约束、信息处理、权力分配的文化基础。

1. 各方相互关系

任何建设项目，都是由建设方与其他各参建方共同完成的，大型建设项目亦是如此，各方间的相互关系因此成为项目文化的一项重要内容，而这又主要体现在两个方面，即合作与冲突、诚信与互信。

大型建设项目，涉及方众多，界面纷繁复杂，没有合作，项目就会举步维艰，同时，因为利益不尽一致，各方间必然存在冲突，合作与冲突因此成为项目中各方关系的主题，而在此方面不同的理念、行为规范、思维模式构成了项目文化的一个主要内容。诚信是任何一个成功的经营主体所秉持的核心价值观，也是任何一个项目良好进行的基础，大型工程建设项目因时间、空间的复杂及变化，更需在此基础之上形成必要的互信文化。

2. 公与私关系

因一次性、独特性的项目特征且各类项目合同数量多、额度大，因此，大型建设项目常是私利及各类关系的汇聚地。作为每个具体的项目，由此对外呈现的景象常泾渭分明，或公私不分、以私侵公，或严守公私之界、公私分明，而这些都源于对公与私关系的不同认识、不同意识、不同价值观念及因此形成的不同的行为方式，这些构成了项目文化的重要内容。

3. 开放或封闭

开放或封闭的程度，这是任何一种文化自然也是项目文化的一个重要特性，而能否形成学习型文化、能否形成高效的信息系统也与之紧密相关。一个项目文化的开放或封闭，主要体现在两个方面：一是是否有多渠道的沟通系统；二是对来于外界或来于项目内的与既有文化不相一致的事实信息所持有的基本态度，这两方面由此构成了项目文化的一个重要方面。

开放的项目文化，有多种正式或非正式的沟通渠道，每个项目组织或项目岗位都能适时获得履职、工作所需信息，它也能为此进行足够的信息交流，并客观、理性地对待与既有文化相异的事实信息，且为我所用，以促进文化的完善；封闭的项目文化，偏执而过度地限定沟通渠道，使诸项目组织或项目岗位无法及时获取必要的信息、无法进行必要的信息交流，并以主观、感性对待与既有文化相异的事实信息，或予以排斥或予以歪曲、伪造。

4. 集权与授权

任何一个组织，在管理上既存在需要广泛、充分授权的领域，也存在需要高度集权的领域，这以能否获得最佳的整体效能为准则，如果组织文化在这方面不能与之相适应，就必定会阻碍组织的发展、损害组织的利益。

作为项目文化，这主要体现在建设方与承包商的权责划定、建设方对监理等管理方的委托及对它的信任、支持方面，除此，还体现在一个项目组织内部于上下层权力分配上所持有的价值理念、行为规范和思维模式。

5. 质量、安全、进度、费用管理

质量方面的价值理念决定了项目的质量方针、质量目标乃至项目的各项性能指标，同时，它们又与质量方面的行为规范、思维模式一起成为能否秉持质量方针、实现质量目标、达到性能指标的关键决定因素。

安全方面的价值理念及行为规范、思维模式是决定项目建设期间施工安全状态及项目交工后使用上的安全状况的关键因素，也是决定建设期的施工人员及投用后的生产人员安危的关键因素。

进度方面的价值理念及行为规范、思维模式决定了项目所定工期目标的适宜性，也是决定项目能否如期完工的关键因素。

费用方面的价值理念是决定项目费用限额的关键因素，同时，它们又与费用方面的行为规范、思维模式一起成为决定项目实际成本及投入效用如何的关键因素。

6. 均衡管理的理念

因为项目本身具有明显的系统性，其各方面具有不以人的意志为转移的内在关联性，因此，对其各方面的管理必须保证均衡，而唯有科学而理性的均衡管理理念及相应而生的思维及行为，方能避免出现顾此失彼、失衡难行的局面，也唯此方能确保项目沿着既定的方向获得不断进展。

第三节 各类文化的相关性

一、参建方项目组织文化与两类文化的关系

某个参建方的项目组织文化与其企业文化、与建设方项目组织文化在内容上大致存在三类不同关系，而具体归属哪类关系取决于后两者即其企业文化和建设方项目组织文化共同内容的多寡以及其余内容的相容性。

当两者具有较多的共同内容时，是相促相生的状态，共同内容自然成为这一参建方项目组织文化的核心，并且它在核心之外也有了较为广阔的生长空间，这类似于在合并、收购、合资公司中两种文化三种作用结果中的混合型。

当两者共同内容较少但其余内容相容性较大时，是此消彼长的状态，共同内容也成为这一参建方项目组织文化的核心部分，而它的其余部分则包含了前两者的部分内容，它是来自两个不同方向的拉力形成的"合力"作用的结果。

当两者内容多是互不相容时，则是针锋相对的状态，建设方项目组织文化与这一参建方的企业文化对立，两者都难以容忍对方的文化因素存在于这一参建方的项目组织文化中，但除非终止合同，否则，这一参建方的项目组织就必须适应两者截然不同的要求。由此，在它形成自身文化过程中，建设单位的文化强行嵌入，两部分相矛盾、分立地存在于同一个组织中。

在一个大型工业项目下的供电工程正是第三种情况，建设方、EPC总承包方工作行为习惯迥异，管理理念更不相容。经大大小小的冲突并对总包人员调整后，建设方与总包项目部间取得了不稳定的平衡，工作方得以开展。但后者始终处于矛盾状态中，与建设方往来中有时会突然"显露原形"，而总部对其也较不满，乃至影响到了与总部的正常工作关系。

二、项目文化与项目组织文化的关系

在大型建设项目上，存在着项目文化、建设方项目组织文化、参建方项目组织文化三类文化，它们在内容上的关系如图8-2所示。

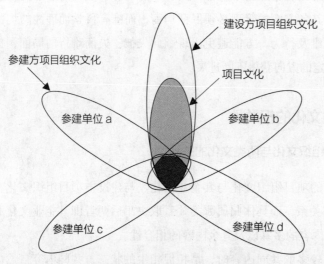

图8-2 几种文化在内容上的相关性

项目文化由两部分构成，一部分是由建设方及其他主要参建方的项目组织文化中的共同内容构成，即图示中深色部分，另一部分是由建设方项目组织文化中的部分内容构成，即图示中浅色部分。

第一部分正是组织文化的共享属性所在。建设方、其他各参建方项目组织如同一个新成立组织的各成员，各自的文化如同这个组织内各成员的自有特质，而建设方的项目组织居于创始人和领导者地位，而建设方主导作用的发挥实质上就是通过项目组织使自身文化在整个项目内获得扩展。

第二部分则是与这样一类事项相关联的文化内容，即那些与其他参建方无关或完全由建设方决定且属于项目全局性的事项，如与项目的综合/整体管理相应的文化，而项目本身对社会所呈现出的大部分文化内容也属于此类，如项目所显示出的环保理念。

三、各类文化的相互作用

大型建设项目，既有建设方，也有监理方、承包商、供应商等诸多其他参建方，每一方都会建立自己的项目组织，它们的文化源于各自的企业文化。另一方面，如同一个组织的文化源于它的创始人和领导者个人的信念、价值观、管理理念一般，项目文化由建设方的项目组织文化所孕育，并与其一道作用、主导着其他参建方项目组织文化中相应部分的形成，而各项目组织文化中的共同部分又最终形成了项目文化的主要部分，在此过程中，后者对项目文化、建设方项目组织文化也存在着反作用，这种反作用对项目文化的定型不无影响，但影响较为有限，而对建设方项目组织文化的作用强度、影响程度则更为轻弱，几方文化作用关系如图8-3所示。

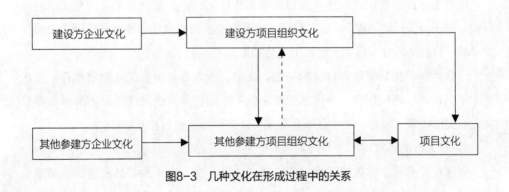

图8-3　几种文化在形成过程中的关系

第四节　项目文件建设的原则和方法

一、项目文化建设应遵循的几项原则

项目的一次性决定了项目的时间约束及项目的常新状态，大型建设项目，除建设方人员外，参建方现场人员有着较高的流动性，这些增加了项目文化建设的困难，因为文化的建设与对人的思想、行为的培育、培养息息相通，也正因此，项目文化建设有别于其他类型组织的文化建设，它遵循自己的原则。

1. 强制内化与循序渐进相结合

项目文化建设无法完全以自觉自愿的方式实现，首先，这是基于工程建设项目本身的特点；其次，是因为项目文化各主体不存在隶属关系而同时又必然存在着一定的利益差异。因此，建设方对其他参建方施加的外在强制性必不可少。

强制是为在有限的时间内完成必要的内化过程，为此，建设方要通过明确的规定、鲜明的奖惩形成外在硬性约束，并通过强烈的示范、表率作用和有效的宣讲实行柔性渗透，当然，它也必须依照思想、意识培育的必然规律循序渐进地进行。

2. 充分利用参建方文化

充分利用已有文化是进行文化变革的基本原则，而寻找共同点则是将亚文化编织成企业文化的一个基本方法。与之类似，作为建设方，需要积极在参建方的企业文化中、在参建方项目组织建立之初所显露的文化因素中寻找与项目文化要求内容相同或相近之处，以此建立信任，并由此延伸、扩展，若此，这也将有效减少项目文化建设过程中必然存在的阻力。

3. 要求的高度一致性

埃德加·沙因在论及领导者如何根植和传播文化时，强调"重要的是关注的一致性，而不是关注的强度"，与之类同，建设方要求的权威性和要求的贯彻力来自于要求的一致性，而在项目文化建设上更是如此。

一致性，首先是建设方自身的决策、决定、行为要与项目文化要求相符，其次是在不同时间、不同层级、不同部门及岗位、不同管理方做出或提出的那些与项目文化有关的决策、决定、要求必须具有统一性且尽可能做到相互衔接。

4. 对人性的尊重

强制也需尊重个体人格的独立和完整，这既是真正内化的必然要求，也是基于项目使命不得背离公德这一原则，否则，项目文化即使建立起来，也将使其中的个体内心异化，丧失自主和活力，有的却只是机械、教条和盲从。

二、项目文化形成、维护、发展的方法

作为项目文化建设的主导者，建设方主要是通过以下几种方式使项目文化得以形成、维护和发展的，而建设方自身的项目组织文化建设则作为其基础和前提包含其中。

1. 参建方组织及人员的引入

这种引入是指由建设方对自身项目成员、对将引入的参建方及其项目领导、项

目重要管理人员进行文化评定，使自身的及参建方的项目成员与项目文化应当具备的特质相符或相近，至少不与之相冲突，从而使各方项目组织能够顺利形成与项目文化要求相一致的文化。

2. 建设方以身作则

在建设方项目组织内部，项目领导及其他代表组织文化的关键成员通过在日常工作中及在特殊、重大项目问题、项目事件处理中体现的原则和意识、观念和理念、方式和作风引导着自身项目组织形成与所要求的项目文化相一致的基因。建设方也通过同类方式影响、作用于其他各参建方项目组织，由此抑制了与之相冲突的文化因素的显现，与此同时促进了与项目文化相一致因素的形成。

3. 褒与贬、奖与惩、升与降

在一个组织内部，对充分体现组织文化的行为予以表彰、奖励乃至晋升相应人员、对背离组织文化的行为予以批评、处罚乃至降职、辞退相应人员，将产生最为强烈的示范、引导作用，建设方项目组织可充分地用此方式来建立、维护、发展自己应有的文化，就对其他参建方项目组织文化的引导来看，褒与贬仍会发挥较大作用，自然，在这方面作用最为强烈的当属奖与惩。

4. 组织的宣讲及表象的规定

此方面如培训、讲演等各类宣讲、与项目文化相关的各类介绍资料或教育资料、各类仪式和庆典、与项目文化外在表象相关的必要规定等。在建设方项目组织内部，这些都是创建、维护文化的有效方式，就对其他参建方项目组织文化的引导而言，应当将它充分地与前所述的奖罚、褒贬相结合，以产生较为强烈的共鸣作用。

5. 项目制度的明文规定

通过成文的制度予以明确规定是形成和传承文化的重要方式，建设方项目组织以制度促使自身形成与项目管理相适应的文化，同时，通过制定其他各参建方也需执行的制度，并予以充分宣贯及执行监督，也将有效促进项目文化的形成。

参考文献

［1］陈建兵. 博弈论在建设项目围标串标问题中的研究与实证分析.

［2］张莹莹. 国际建设项目竞争性招标的博弈分析.

［3］何栢森，孔德泉. 业主方的索赔管理. 中国投资与建设，1998，（7）.

［4］孟新田. 论改善建设工程合同双方合作关系的对策. 企业经济，2004，（284）.

［5］陈勇强等. 建设项目中各参与方之间的伙伴关系博弈分析与管理. 港工技术，2005，（3）.

［6］薛淑萍. 投资方工程合同管理工作存在问题的探讨. 建设监理，2005，（6）.

［7］李蔚. 建设项目集成的组织设计与管理. 华中科技大学学报，2005，22（2）.

［8］吴伟巍. 建设项目重新招标风险的博弈论分析. 山西建筑，2005，31（23）.

［9］刘斌，樊兆鹏，王健. 从我院新校区的建设谈业主方对建设项目的管理. 济南职业学院学报，2006，（2）.

［10］臧权. 建筑建设项目无标底招标行为的经济博弈分析. 基建优化，2007，28（3）.

［11］向鹏成. 信息不对称理论的建设项目主体行为博弈分析. 重庆大学学报，2007，30（10）.

［12］陈龙，曹萍. 施工总承包方对指定分包的管理研究. 山西建筑，2008，34（17）.

［13］梁刚. 基于博弈论的建设项目招投标机制设计探讨. 山西建筑，2008，34（28）.

［14］范斌. 浅谈建设项目建设方的现场管理. 管理观察，2009，（5）.

［15］陈坚. 建筑建设项目建设主体行为博弈分析. 吉林工程技术师范学院，2010，26（1）.

［16］苑辉. 论业主方项目管理的核心. 山西建筑，2010，36（21）.

［17］向鹏成. 基于信息不对称的建设项目主体行为三方博弈分析. 中国工程科学，2010，12（9）.

［18］孟庆彪. 依托监理 做好项目质量管理. 建设监理，2010，（12）.

［19］张宪. 招标控制价模式下建设项目投标报价博弈模型研究. 建筑经济，2010，（338）.

［20］陈晓敏，张良杰. 厘定企业文化的路径——建设项目文化建设的思考和实践. 施工企业管理，2011，（6）.

［21］王立志. EPC合同模式下业主限额设计管理办法探讨. 中小企业管理与科技，2012，（25）.

［22］苏绍坚. 核电项目EPC模式下总包方的设计管理. 中国核电，2013，6（2）.

［23］孟庆彪. 均衡项目时间、质量和费用. 项目管理，2013，（3）.

［24］张羽. 建设项目安全文化速成的主观博弈分析. 工业工程与管理，2014，19，（4）.

［25］孟庆彪. 对大型工程建设项目文化建设的思考. 工程建设项目管理与总承包，2014，（5）.

［26］孟庆彪. 论大型工程建设项目文化建设. 项目管理技术，2015，（1）.

［27］孟庆彪. 论如何做好招标工作. 建设项目管理与总承包，2016，（1）.

［28］住房和城乡建设部、国家工商行政管理总局. 建设工程施工合同（示范文本）（GF—2013—0201）.

［29］中华人民共和国建设部、中华人民共和国质量监督检验检疫总局. GB/T 50358—2005建设项目工程总承包管理规范.

［30］全国人民代表大会常务委员会. 中华人民共和国招投标法.

［31］中华人民共和国国务院. 中华人民共和国招标投标法实施条例.

［32］中华人民共和国国家发展计划委员会等七部委. 工程建设项目施工招标投标办法（七部委30号令）.

［33］全国人民代表大会常务委员会. 中华人民共和国安全生产法（2014年修订）.

［34］全国人民代表大会常务委员会. 中华人民共和国建筑法（2014年修正）.

［35］国家质量技术监督局. GB/T 19016-2005质量管理体系　项目质量管理指南

［36］国际咨询工程师联合会. 设计—建造与交钥匙工程合同条件应用指南.（张水波，周可荣，叶永译. 北京：中国建筑工业出版社，1999.

［37］（美）约翰·D·洛克菲勒. 留给儿子的38封信. 严硕译. 北京：中国妇女出版社，2004.

［38］（美）埃德加·沙因. 企业文化生存指南. 郝继涛译. 北京：机械工业出版社，2004.

［39］（美）特伦斯·迪尔，艾琳·肯尼迪. 企业文化　企业生活中的礼仪与仪式. 李原等译. 北京：中国人民大学出版社，2008.

［40］（英）芭芭拉·A·布贾克. 科尔韦特（Barbara Corvette）. 谈判与冲突管理. 刘昕译. 北京：中国人民大学出版社，2009.

［41］（美）特伦斯·E·迪尔，艾琳·A·肯尼迪. 新企业文化：重获工作场所的活力. 孙健敏，黄小勇，李原译. 北京：中国人民大学出版社，2009.

［42］（美）彼得·德鲁克. 德鲁克管理思想精要. 北京：机械工业出版社，2009.

［43］（美）埃德加·沙因. 沙因组织心理学. 马红宇，王斌译. 北京：中国人民大学出版社，2009.

［44］（美）埃德加·沙因. 组织文化与领导力. 马红宇，王斌译. 北京：中国人民大学出版社，2011.

［45］张维迎. 博弈与社会. 北京：北京大学出版社，2013.

［46］（美）Project Management Institute. 项目管理知识体系指南.（PMBOK指南）. 北京：

电子工业出版社，2013.

[47]（美）阿维纳什·K·迪克西特，巴里·T·奈尔伯夫. 策略思维：商界、政界及日
　　常生活中的策略竞争. 王尔山译. 北京：中国人民大学出版社，2013.

[48]（美）史蒂夫·J·布拉姆斯，艾伦·D·泰勒. 双赢之道. 王雪佳译. 北京：中国
　　人民大学出版社，2013.

[49]（美）汤姆·齐格弗里德. 纳什均衡与博弈论（纳什博弈论及对自然法则的研究）.
　　洪雷等译. 北京：化学工业出版社，2014.